AF391530

TRAVAUX DE L'AUTEUR

1. *Sur le Clytus Auboueri* Desbr., in Bull. Soc. Entomologique de France, 1873.
2. *Note sur la rédaction de l'Entomologie de l'Encyclopédie méthodique*, in. Bull. Soc. Entomologique de France, 1874.
3. *Mammifères carnassiers qui se nourrissent d'insectes*, in Bull. Soc. Entomologique de France, 1874.
4. *Sur la lumière émise par le Lampyris mauritanica ♂*, in Bull. Soc. Entomologique de France, 1874.
5. *Capture à Paris de l'Hylotrupes bajulus*, in Bull. Soc. Entomologique de France, 1875.
6. *Récit d'un voyage entomologique en Algérie*, in Bull. Soc. Entomologique de France, 1875.
7. *Sur les Insectivorous plants de Ch. Darwin*, in Bull. Soc. Entomologique de France, 1875.
8. *Coléoptères capturés dans la forêt de Fontainebleau*, in Bull. Soc. Entomologique de France, 1875.
9. *Note synonymique sur trois espèces de Mylabris*, in Bull. Soc. Entomologique de France, 1875.
10. *Capture au Lioran (Cantal) de Feronia cantalica*, in Bull. Soc. Entomologique de France, 1875.
11. *Mœurs de l'Anoxia emarginata*, in Bull. Soc. Entomologique de France, 1876.
12. *Insectes capturés par des hirondelles*, in Bull. Soc. Entomologique de France, 1876.
13. *L'Ambrosia maritima dans le département de l'Allier*, in Bull. Soc. Botanique de France, 1876.
14. *Le Phylloxera*, in Bull.-Journ. Soc. d'Agriculture de l'Allier, 1876.
15. *Le Doryphora (Leptinotarsa) decemlineata* avec 1 planche noire, in Bull.-Journ. Soc. d'Agriculture de l'Allier, 1877. Tiré à part, Moulins, Ducroux et Gourjon-Dulac, 1877 (pagination spéciale).
16. *Documents pour l'histoire de la botanique en Corse*, in Bull. Soc. Botanique de France, 1877.
17. *La Société Botanique de France en Corse*, in Ann. Soc. d'Horticulture de l'Allier, n° 15, 1877. Tiré à part, Moulins, Ch. Desrosiers, 1877 (pagination spéciale).
18. *La Doryphore des pommes de terre* avec 1 planche noire, in Ann. Soc. d'Horticulture de l'Allier, n° 16, 1878.
19. *La Chrysomèle des pommes de terre (Doryphora decemlineata), mœurs, histoire, moyens de destruction*, avec 1 planche noire, 2ᵉ édition, in-12, Besançon, Jacquin, 1878.

20. *Note relative au Cebrio hirundinis* Chevr., in Bull. Soc. Entomologique de France, 1879.

21. *Essai sur la Faune de l'Allier, ou Catalogue raisonné des animaux sauvages observés jusqu'à ce jour dans ce département. Première partie, Vertébrés*, in Bull. Soc. d'Emulation de l'Allier, 1879 (t. XVI, 1882). Tiré à part, Moulins, Ch. Desrosiers, 1879 (pagination spéciale).

22. *Supplément à l'Essai sur la Faune de l'Allier*, in Le Naturaliste, n° du 15 octobre 1880. Tiré à part, in-8°, Paris, Bureaux du journal, 1880 (pagination spéciale) et gr. in-8°, Besançon, Ch. Delagrange. 1880 (pagination spéciale).

23. *G.-A. Olivier, membre de l'Institut de France, sa vie, ses travaux, ses voyages, documents inédits*, avec 1 portrait ; gr. in-8°, Moulins, Ch. Desrosiers, 1880.

24. *Oiseaux migrateurs dans l'Allier*, in Feuille des jeunes naturalistes, mai 1880.

25. *Les fruits indigènes de la Flore de l'Allier*, in Ann. Soc. d'Horticulture de l'Allier, 1880. Tiré à part, Moulins, Ch. Desrosiers, 1880 (pagination spéciale).

26. *Hivernage des papillons*, in Feuille des jeunes naturalistes, octobre 1881.

27. *Bembidium nitidulum attiré par la lumière d'une lampe*, in Bull. Soc. Entomologique de France, 1881.

28. *Longévité d'un insecte (Prionotheca coronata Oliv.)*, in Bull. Soc. Entomologique de France, 1881.

29. *Note sur l'Ixodes ricinus et l'Argas reflexus*, in Bull. Soc. Entomologique de France, 1882.

30. *Descriptions de deux nouvelles espèces de Lampyridæ (Pelania angustipennis, Lampyris nervosa)*, in Bull. Soc. Entomologique de France, 1883. Tiré à part, Paris, Malteste, 1883 (pagination spéciale).

31. *Description du Paussus Jousselini Guér.*, avec 1 planche noire, in Ann. Soc. Entomologique de France, 1883. Tiré à part, Paris, Malteste, 1883 (même pagination).

32. *Faune du Doubs, ou Catalogue raisonné des animaux sauvages (mammifères, reptiles, batraciens, poissons) observés jusqu'à ce jour dans ce département*, in Mém. Soc. d'Emulation du Doubs, 1883. Tiré à part, Besançon, Dodivers et Cⁱᵉ, 1883 (pagination spéciale).

33. *Lampyrides nouveaux ou peu connus*, in Rev. d'Entomologie, 1ᵉʳ mémoire 1883, 2ᵉ mémoire 1883, 3ᵉ mémoire 1886. Tiré à part, Caen, Le Blanc-Hardel, 1883-1886 (pagination spéciale).

34. *La Rosalia alpina dans le département de l'Allier*, in Bull. Soc. Entomologique de France, 1884.

35. *Supplément à l'Essai sur la Faune de l'Allier (Vertébrés)*, in Bull. Soc. d'Emulation de l'Allier, 1883 (t. XVII, 1886). Tiré

à part, Moulins, Ch. Desrosiers, 1884 (pagination spéciale).

36. *Essai d'une Révision des espèces européennes et circaméditerranéennes de la famille des Lampyrides*, avec 2 planches noires, in L'Abeille, 1884. Tiré à part, Paris, Bureaux du journal, 1884 (pagination spéciaie).

37. *Notes complémentaires à l'Essai sur les Lampyrides*, in L'Abeille 1884. Tiré à part, Paris, Bureaux du journal, 1884.

38. *Cas curieux de végétation arborescente*, in Assoc. franç. pour l'av. des sciences. Session de Blois, 1884.

39. *Plantes nouvelles pour la flore de l'Allier*, in Assoc. franç. pour l'av. des sciences. Session de Blois, 1884.

40. *Catalogue des Lampyrides faisant partie des collections du Musée civique de Gênes*, avec 1 planche coloriée, in Ann. Mus. civ. di Stor. natur. di Genova, 1885. Tiré à part, Genova, Instituto Sordo-muti, 1885 (pagination spéciale).

41. *Lampyrides recueillis au Brésil et à La Plata par feu C. van Volxem avec descriptions des espèces nouvelles*, in Ann. Soc. Entomologique de Belgique, 1885. Tiré à part, Gand Annoot-Braeckman, 1885 (même pagination).

42. *Les Lampyrides d'Olivier dans l'Entomologie et l'Encyclopédie méthodique*, in Rev. d'Entomologie 1885. Tiré à part, Caen, Le Blanc-Hardel 1885 (même pagination).

43. *Deux noms de Luciola à changer (vittipennis Fairm. costipennis Fairm.)*, in Bull. Soc. Entomologique de France, 1885.

44. *Description du Lampyris attenuata ♀*, in Bull. Soc. Entomologique de France, 1885.

45. *Etudes sur les Lampyrides*, in Ann. Soc. Entomologique de France. I *Les genres à antennes flabellées 1re partie*, avec 1 planche coloriée, 1885. II *Genre Photuris*, avec 1 planche coloriée, 1886. III *Les genres à antennes flabellées, 2e partie*, 1888. IV *Descriptions d'espèces nouvelles*, avec 1 planche coloriée, 1888. Tiré à part, Paris, Duruy et Cie, 1885-1888 (pagination spéciale).

46. *Révision du genre Pyrocœlia Gorh.*, in Notes from the Leyden Museum, 1886. Tiré à part (même pagination).

47. *Lampyrides nouveaux ou peu connus du musée de Leyde*, in Notes from the Leyden Museum, 1886. Tiré à part (même pagination).

48. *Lampyrides nouveaux des îles Philippines*, in Ann. Soc. Entomologique de France, 1886. Fait partie du Catalogue des Coléoptères des îles Philippines, par G.-A. Baer, tiré à part, Paris, Lucien Buquet, 1886 (pagination spéciale).

49. *Description et mœurs de la larve du Lampyroïdea syriaca Cost.*, in Bull. Soc. Entomologique de France 1886.

50. *Description du Lamprohiza Paulinoï ♀*, in Bull. Soc. Entomologique de France, 1886.

51. *Descriptions de deux Lampyrides nouveaux (Photuris Jamaïcensis, Pyrocœlia Tonkinensis)*, in Bull. Soc. Entomologique de France, 1886.

52. *Flore populaire de l'Allier, noms vulgaires et patois des plantes indigènes et cultivées usités dans ce département*, in Ann. Soc. d'Horticulture de l'Allier. 1886. Tiré à part, Moulins, Et. Auclaire, 1886 (pagination spéciale). ·

53. *Lépidoptères hibernants*, in Bull. Soc. Entomologique de France, 1887.

54. *Sur le Bruchus Lallemanti Mars.*, in Bull. Soc. Entomologique de France, 1887.

55. *Description du Lampyris mutabilis ♀*, in Bull. Soc. Entomologique de France, 1887.

56. *Apparition de l'Adoxus vitis dans le département de l'Allier*, in Bull. Soc. Entomologique de France, 1887.

57. *Description du Photuris aurea*, in Bull. Soc. Entomologique de France, 1887.

58. *Deux nouvelles espèces de Lampyrides du Brésil (Hyas sulcipennis, Æthra jucunda)*, in Bull. Soc. Entomologique de France. 1888.

59. *Description de Lytta Thibetana*, in Bull. Soc. Entomologique de France, 1888.

60. *Nouvelle espèce de Lampyride récoltée par M. L. Fea (Luciola hirticeps)*, in Ann. Mus. civ. di Stor. natur. di Genova 1888. Tiré à part, Genova, Sordo muti, 1888 (même pagination).

61. *Les terrains jurassiques de la vallée de l'Allier*, avec 7 figures noires, in Rev. sc. du Bourb. et du Centre de la Fr., 1888.

62. *Excursion au bois de Perogne*, in Rev. sc. du Bourb. et du Centre de la Fr., 1888.

63. *Excursion en Auvergne*, in Rev. sc. du Bourb. et du Centre de la Fr., 1888.

64. *Excursion au Montoncel*, in Rev. sc. du Bourb. et du Centre de la Fr., 1888.

65. *Mines de cuivre et galène argentifères de Charrier-Laprugne*, in Rev. sc. du Bourb. et du Centre de la Fr., 1888. Tiré à part, gr. in-8°, Moulins, Et. Auclaire, 1888 (pagination spéciale).

66. *Insectes nouveaux pour le Mont-Dore*, in Rev. sc. du Bourb. et du Centre de la Fr., 1888.

67. *Le vison d'Europe*, avec 1 figure noire, in Rev. sc. du Bourb. et du Centre de la Fr., 1888.

68. *Le Syrrhapte paradoxal dans l'Allier*, avec 1 planche noire, in Rev. sc. du Bourb. et du Centre de la Fr., 1888.

69. *La quatrième campagne de l'Hirondelle*, in Rev. sc. du Bourb. et du Centre de la Fr., 1889.

70. *Michel-Eugène Chevreul*, avec une planche noire, in Rev. sc. du Bourb. et du Centre de la Fr., 1889.

71. *Note sur l'Argulus foliaceus qui s'attache à des tanches*, in Bull. Soc. Entomologique de France, 1889.

72. *Ravages commis en Amérique par le Blissus leucopterus*, in Bull. Soc. Entomologique de France, 1889.

73. *L'Emphytus tener nuisible à la vigne*, in Bull. Soc. Entomologique de France, 1890.

74. *Sur un insecte hyménoptère nuisible à la vigne*, in Comptes rendus des séances de l'*Académie des sciences*, 9 juin 1890.

75. *Les Hyménoptères de la vigne*, in Rev. sc. du Bourb. et du Centre de la Fr., 1890.

76. *Nouveau fait démontrant que les îles de la Sonde ont été séparées de Malacca pendant l'âge moderne de la terre*, in Comptes rendus des séances de l'*Académie des sciences*, 27 mai 1890.

77. *Note sur la Revue scientifique du Bourbonnais et du Centre de la France*, in Assoc. franç. pour l'avanc. des sciences, Sess. de Limoges, 1890.

78. *Lampyrides rapportés de Bornéo par M. Platteeuw*, in Ann. Soc. Entomologique de Belgique, 1890.

79. *Le loup noir*, in Rev. sc. du Bourb. et du Centre de la Fr., 1890.

80. *La formation de la houille*, in Rev. sc. du Bourb. et du Centre de la Fr., 1890.

81. *La forêt des Collettes et l'exploitation des Kaolins*, in Rev. sc. du Bourb. et du Centre de la Fr., 1890.

82. *Les vipères, traitement de leurs morsures*, avec 2 figures noires, in Rev. sc. du Bourb. et du Centre de la Fr., 1890.

83. *Lampyrides rapportés de Birmanie par M. L. Fea, avec descriptions des espèces nouvelles*, in Ann. Mus. civ. di Stor. natur. di Genova, 1891. Tiré à part, Genova, Sordo-muti, 1891 (même pagination).

84. *La Mardelle de Moladier*, avec 2 figures noires, in Annales Bourbonnaises, 1891. Tiré à part, Moulins, Et. Auclaire, 1891 (pagination spéciale).

85. *Les herborisations de Gaston d'Orléans en Bourbonnais*, in Rev. sc. du Bourb. et du Centre de la Fr., 1891.

86. *Les ronds de sorciers*, in Rev. sc. du Bourb. et du Centre de la Fr., 1891.

87. *Les insectes fossiles de Commentry*, avec 1 planche noire, in Rev. sc. du Bourb. et du Centre de la Fr., 1891.

88. *La mine de Ramillard (Allier)*, in Rev. sc. du Bourb. et du Centre de la Fr., 1891.

89. *La Truffe en Auvergne*, in Rev. sc. du Bourb. et du Centre de la Fr., 1891.

90. *Le Lampyris bicarinata* Muls. in Bull. Soc. Entomologique de France, 1892.

91. *Orthoptères des environs de Saïda* (Algérie), in Bull. Soc. Entomologique de France, 1892.

92. *La Potentilla fagineicola Lam, note synonymique*, in Rev. sc. du Bourb. et du Centre de la Fr., 1892.

93. *Les diptères parasites de l'homme*, in Rev. sc. du Bourb. et du Centre de la Fr., 1892.

94. *Un champignon nouveau pour la France (Battarrea phalloides Pers.)*, avec 1 planche noire, in Rev. sc. du Bourb. et du Centre de la Fr., 1892.

95. *Un champignon nouveau pour la France (Battarrea phalloides)*, avec 1 planche noire, in Bull. Soc. Mycologique de France, 1892. Tiré à part, Lons-le-Saulnier, L. Declume, 1892 (pagination spéciale).

96. *Viaggio di Lamberto Loria nella Papuasia orientale. Descriptions de deux nouvelles espèces du genre Luciola*, in Ann. Mus. Civ. di St. natur. di Genova, *1892*. Tiré à part, Genova, Sordo-muti, 1892 (même pagination).

97. *Le Battarrea phalloides*, in Bull. Herbier Boissier, 1893. Tiré à part.

98. *Un champignon nouveau pour la France (Battarrea phalloides Pers.)*, avec 1 planche noire, in Le Monde des plantes, 1893.

99. *Le genre Battarrea Pers.*, in Le Monde des plantes, 1893.

100. *Un champignon nouveau pour la France (Battarrea phalloides Pers.)*, avec 1 planche noire, in Bull. Soc. d'Hist. nat. d'Autun, 1893.

101. *Le Battarrea phalloides Pers.* avec 1 planche noire, in Rev. scient. du Limousin, 1893.

102. *Note sur Lamprohiza Paulinoi* ♀ *et Elasmosoma Berolinense*, in Bull. Soc. Entomologique de France, 1893.

103. *La rouille du blé*, in Bull. Journ. Soc. d'Agriculture de l'Allier, 1893. Tiré à part, Moulins, Ducroux et Gourjon-Dulac, 1893 (pagination spéciale).

104. *Un saurien nouveau et un ophidien rare pour l'Algérie*, in Bull. Soc. Zoologique de France, 1893.

105. *Sur un crapaud pourvu d'un appendice caudal*, in Bull. Soc. Zoologique de France, 1893.

106. *Un crapaud phénomène*, avec 1 planche noire, in Rev. sc. du Bourb. et du Centre de la Fr.; 1893.
Reproduit par la Revue universelle, édition C, Sciences naturelles, 1893, p. 134.

107. *Biskra, souvenirs d'un naturaliste*, avec 1 planche noire, in Rev. sc. du Bourb. et du Centre de la Fr., 1893. Tiré à part, Paris, Aug. Challamel, 1893 (pagination spéciale).

108. *Matériaux pour la bibliographie du Bourbonnais. Les Chomel*,
   in Rev. sc. du Bourb. et du Centre de la Fr., 1893.

109. *Les perdrix de France*, avec 1 planche noire, in Rev. sc. du
   Bourb. et du Centre de la Fr., 1893.

110. *Le dattier à six têtes de Biskra*, avec 1 figure noire, in Rev.
   sc. du Bourbonnais et du Centre de la Fr., 1893.

111. *Le dattier à six têtes de Biskra,* avec 1 figure noire, in Revue
   universelle, édition C, Sciences naturelles, 1893, p. 74.

112. *Le dattier polycéphale de Biskra*, avec 1 figure noire, in Le
   Monde des plantes, 1893.

113. *A propos des Vers–luisants de Cauquenes-les-Bains (Chili)*,
   in Actes Soc. scientifique du Chili, 1894.

114. *Descriptions d'espèces nouvelles de Lampyrides*, in Bull. Soc.
   Entomologique de France, 1894. Tiré à part, Paris, Siège
   de la Société, 1894 (même pagination).

115. *Description d'un Lampyris nouveau d'Algérie (L. exilis)*, in
   Bull. Soc. Entomologique de France, 1894.
   Reprod. dans l'Echange, revue linnéenne, décembre 1894.

116. *Herpétologie algérienne ou Catalogue raisonné des reptiles et
   des batraciens observés jusqu'à ce jour en Algérie*, in
   Mém. Soc. Zoologique de France, 1894. Tiré à part, Paris,
   Siège de la Société, 1894 (pagination spéciale).

117. *Glossologie sur l'étymologie du mot Œnothera*, in Le Monde
   des plantes, 1894.

118. *Les hirondelles en février*, in Rev. sc. du Bourb. et du Centre
   de la Fr., 1894.

119. *La fontaine minérale de Jenzat (Allier)*, in Rev. sc. du Bourb
   et du Centre de la Fr., 1894.

120. *La bibliothèque des seigneurs de Jaligny*, in La Quinzaine
   Bourbonnaise, 1894.

121. *Les lacs d'Auvergne*, in Rev. sc. du Bourb. et du Centre de
   la Fr., 1894.

122. *Le braque du Bourbonnais*, avec 1 planche noire, in Rev. sc.
   du Bourbonnais et du Centre de la Fr., 1894.

123 *Description d'une nouvelle espèce de Lampyride du Chili
   (Æthra Latastei)*, in Actes Soc. scientifique du Chili, 1895.
   Tiré à part, Siège de la Société, 1895 (même pagination).

124. *Descriptions de nouvelles espèces de Lampyrides du musée de
   Tring (Angleterre)*, in Novitates Zoologicæ, 1895. Tiré à
   part, 1895 (même pagination).

125. *Les Lampyrides algériens*, in Bull. Soc. Zoologique de France,
   1895. Tiré à part, Paris, Siège de la Société, 1895 (même
   pagination).

126. *Essai d'une classification du genre Cratomorphus avec descriptions de deux espèces nouvelles et catalogue synonymique,*

avec 4 figures noires, in Bull. Soc. Entomologique de France, 1895.

127. *Deux nouvelles espèces de Lucioles (Bourgeoisi, Davidis)*, in Bull. Soc. Entomologique de France, 1895.

128. *Sur les frondes anormales des Fougères*, in Comptes rendus des séances de l'*Académie des sciences*, 25 mars 1895.

129. *Le Congrès de Leyde*, in Rev. sc. du Bourb. et du Centre de la Fr., 1895.

130. *Une variété nouvelle de Lampyris (Carreti)*, in Rev. sc. du Bourb. et du Centre de la Fr., 1895.
Reproduit dans l'Echange, revue linnéenne, avril 1896, p. 42.

131. *Descriptions de nouvelles espèces de Lampyrides du musée de Tring* (Angleterre), in Novitates Zoologicæ III, mars 1896, p. 1-3. Tiré à part, 1896 (même pagination).

132. *Lampyrides capturés au Paraguay*, par M. le Dr Bohls, in Novitates Zoologicæ III, mars 1896, p. 4-7. Tiré à part avec le mémoire précédent, 1896 (même pagination).

133. *L'argon, nouveau gaz de l'atmosphère*, in Rev. sc. du Bourb. et du Centre de la Fr., 1896.

134. *Matériaux pour la Faune de la Tunisie. Catalogue des Reptiles. Notes sur des Mammifères. Oiseaux*, in Rev. scient. du Bourb. et du Centre de la France, 1896, p. 117. Tiré à part, Moulins, Bureau de la Revue (même pagination).

135. *Un parc à Aigrettes en Tunisie*, in Bull. Soc. nat. d'Acclimatation, 1896. Tiré à part.

136. *Les Serpents de la Tunisie*, in Assoc. Franç. pour l'av. des sc. Session de Carthage, 1896. Tiré à part (pagination spéciale).

137. *Les maladies cryptogamiques des Céréales*, in Almanach agricole du Bourbonnais, 1897.

138. *Les ronds de sorcier*, in Almanach agricole du Bourbonnais, 1897.

139. *La destruction des merles*, in L'Algérie agricole, n° 199, avril 1897, p. 99.

140. *Lampyrides rapportés des îles Batu*, par H. Raap, in Ann. Mus. civ. di Stor. natur. di Genova, 1897. Tiré à part.

141. *Catalogue des Oiseaux capturés et observés dans le département du Puy-de-Dôme et particulièrement dans les environs de Clermont-Ferrand, d'après un manuscrit de Bouillet et Lecoq*, in Rev. sc. du Bourb. et du Centre de la Fr., 1897. Tiré à part, Moulins, 1898 (pagination spéciale).

142. *Un œuf de dinde anormal*, avec 1 fig. noire, in Rev. sc. du Bourb. et du Centre de la Fr., 1898.

143. Faune de l'Allier.

> Tome I. *Vertébrés*, in Rev. sc. du Bourbonnais et du Centre de la Fr., 1895-1897. av. 4 pl. Tiré à part, Moulins, Durond, in-8º, 1898 (pagination spéciale).
>
> Tome II. *Annelés*, 1ʳᵉ partie *Coléoptères*, in-8º, Moulins, Durond, 1898.
>
> Ce volume dont la publication avait commencé en 1880, dans le Bull. Journ. de la Soc. d'Agriculture de l'Allier a été terminé en 1889 dans la *Revue sc. du Bourb. et du Centre de la Fr.* Le supplément qui y est joint a paru dans la *Revue* le 15 avril 1898.
>
> Tome III. *Annelés*, 2ᵉ partie *Orthoptères*, in Rev. sc. du Bourb. et du Centre de la Fr., juin 1891. Tiré à part, Moulins, Durond, 1891 (pagination spéciale).
>
> Ce troisième volume de la Faune de l'Allier sera complété par les Hémiptères et les Diptères.

Revue scientifique du Bourbonnais et du Centre de la France, publiée sous la direction de M. Ernest OLIVIER.

Cette publication fondée en 1888 a paru depuis cette époque très régulièrement par fascicules mensuels formant un volume à la fin de chaque année. Elle se compose aujourd'hui de dix volumes illustrés de dessins et de planches ; le onzième (1898) est en cours de publication.

Tableaux analytiques pour déterminer les Coléoptères d'Europe,

> I. Nécrophages, par Edm. Reitter, traduits de l'allemand. par X..., 1890, in-8º, p. 116.
>
> II. Colydiides, Rhyzodides, Trogositides, par Edm. Reitter, traduits par X..., 1891, in-8º, p. 40.

Ces deux volumes ont été donnés en supplément à la Revue.

Ils ont été traduits et imprimés sous la surveillance de M. Ernest Olivier.

Notice sur les ouvrages scientifiques de M. Ernest Olivier, directeur de la *Revue scientifique du Bourbonnais*, membre correspondant de la société des sciences médicales de Gannat, etc., etc., par MM. YVES et Francis PÉROT, gr. in-8º, 1896, Montluçon, imp. du *Centre médical.*

FAUNE

DE L'ALLIER

I

FAUNE

DE L'ALLIER

PAR

Ernest OLIVIER

DIRECTEUR DE LA

« REVUE SCIENTIFIQUE DU BOURBONNAIS ET DU CENTRE DE LA FRANCE »

MEMBRE DE LA SOCIÉTÉ ZOOLOGIQUE DE FRANCE, ETC...

I

VERTÉBRÉS

MOULINS

LIBRAIRIE H. DUROND

—

1898

AVANT-PROPOS

Le parallèle de 46°40', qui passe près des villes de Châteauroux et de Châlon-sur-Saône, peut être regardé comme divisant la France en deux parties à peu près égales. On peut considérer la partie septentrionale comme une vaste plaine dont les eaux s'écoulent doucement vers le Nord et vers l'Ouest, par la Seine et par la Loire inférieure. Au sud de cette ligne, la contrée s'élève continuellement, par une pente graduelle, de manière à former un plan incliné qui finit par atteindre une hauteur de plus de neuf cents mètres au-dessus du niveau de la mer, dans l'Auvergne et le Forez, et une altitude plus grande encore dans le Gévaudan et le Vivarais, où elle arrive à 1,600 mètres. Là, cette surface inclinée est brusquement interrompue par la profonde vallée du Rhône qui, courant à peu près exactement du Nord au Sud, la sépare des hauteurs situées à l'Est de cette rivière, dans les départements de la Drôme, de l'Isère et des Hautes-Alpes. Vers le Sud-Ouest également, cette région élevée descend rapidement en se morcelant en prolongements irréguliers vers le bassin de la Gironde. On peut, en fait, la considérer comme une plate-forme triangulaire exhaussée à son angle Sud-Est et déclinant graduellement vers le Nord-Ouest. Cette plate-forme constitue le Plateau Central : ce plateau est échancré par les deux profondes dépressions que forment les vallées de l'Allier et de la Loire supérieure. Sur quelques points, ces vallées acquièrent une largeur considérable ; le premier dans la plaine de la Limagne, le second dans les bassins de Montbrison et de Roanne. » (G.-B. SCROPE : *The geology and extinct volcanoes of central France*. Trad. par Vimont, 1866).

Ces quelques lignes du géologue anglais caractérisent parfaitement la position topographique du département de l'Allier. Compris entre le 46° et le 47° parallèle, ce département s'adosse au Plateau central dont il constitue la base septentrionale : son sol va donc s'élevant graduellement du Nord au Sud. Son altitude, qui n'est que de 220 mètres aux environs du Veurdre, près de la limite du département de la Nièvre, s'élève à 400 mètres un peu au delà de Lapalisse, à 350 à Cérilly, à 347 à Gannat et à Montluçon, et atteint des chiffres encore plus élevés sur les confins du Puy-de-Dôme, dans le canton du Mayet-de-Montagne (où se trouvent les chaînes de la Madeleine (1,165 m.) et du Montoncel (1.298 m.), à la Bosse (774 m.), au-dessus d'Echassières et dans le canton de Marcillat (520 m.).

La Faune prend dans ces parties montagneuses des allures un peu spéciales et, sans offrir les espèces caractéristiques des grandes altitudes, elle présente quelques animaux que l'on chercherait vainement à une même latitude, dans des régions plus basses : le Grand-Duc, le Pic noir, le Merle d'eau, le Merle de roche, la Grenouille rousse, le Triton alpestre, la Truite et de nombreux insectes, parmi lesquels nous citerons la Rosalie des Alpes et le Sirex géant.

D'un autre côté, le département de l'Allier, situé au centre de la France, presque à égale distance de la Manche, de l'Océan et de la Méditerranée, est un point de repère intéressant pour la géographie zoologique. C'est, en effet, la limite extrême où viennent se rencontrer à la fois certaines espèces, habitant de préférence des régions plus septentrionales, et d'autres, dont les contrées plus chaudes du Midi sont le séjour de prédilection.

Des forêts appartenant à l'Etat, avec leurs futaies séculaires ; d'autres, à des particuliers aménagées en taillis et formant à un certain âge des fourrés impénétrables, couvrent une partie du sol du département, 91,000 hectares environ, et présentent des conditions favorables à l'habitat et à la multiplication de bien des animaux de toutes sortes.

Mais, en revanche, depuis cinquante ans, l'agriculture a réalisé dans notre région des progrès si rapides, qu'en dehors de la superficie boisée, tout le terrain est cultivé : les marais, les friches, les brandes, dont la végétation était constituée par des genêts, des bruyères, des ajoncs produisent maintenant des céréales, et avec eux ont disparu ou sont devenues rares certaines espèces qui en faisaient leur séjour préféré.

Un grand nombre d'étangs, également, ont été desséchés et transformés en prairies, au grand détriment des reptiles, des batraciens, des oiseaux et des insectes aquatiques. Mais, malgré leur disparition, le département est encore bien favorisé sous le rapport des eaux. Le Cher, la Loire et l'Allier, recevant chacun de nombreux affluents, le limitent ou le traversent dans une direction presque parallèle du Sud au Nord. le premier resserré dans une partie de son cours entre de hautes falaises granitiques, les deux autres arrosant une large vallée et roulant capricieusement leurs eaux sur une pente rapide, au milieu de sables et de galets, sujets à des crues fréquentes et abandonnant çà et là, en se retirant après les inondations, dans les dépressions des terrains submergés, des flaques d'eau de profondeur et d'étendue variables. généralement à fonds vaseux, connues sous les noms de laisses. de boires, de gours. Ces flaques d'eau, qui sont bientôt garnies d'herbes aquatiques. abondent en poissons, en insectes, en mollusques et sont les rendez-vous de tous les oiseaux aquatiques qui y nichent ou y séjournent plus ou moins longtemps à l'époque de leurs passages.

En résumé, quoique ne présentant aucun caractère bien spécial, la Faune du département de l'Allier est importante en raison de la situation de ce département au centre de la France et sa connaissance approfondie est indispensable à l'étude de la dispersion des espèces dans notre patrie.

La notice que j'ai publiée en 1880, sous le titre de Essai sur la Faune de l'Allier (1), *suivie en 1884, d'un* Supplément, *n'était qu'une liste sommaire et provisoire des animaux vertébrés qui habitent notre département.*

Le travail que je présente aujourd'hui est bien plus complet : il est le résultat d'observations poursuivies avec persévérance pendant de nombreuses années ; je ne prétends pas qu'il soit absolument définitif, mais le nombre des espèces que de nouvelles explorations plus minutieuses permettront d'y ajouter sera certainement très restreint (2).

J'ai donné pour chaque espèce l'habitat, le degré d'abondance et quelques détails de mœurs que j'ai constatés et qui m'ont paru intéressants à signaler.

Des tableaux ne contenant, autant que possible, que des caractères faciles à observer conduisent aisément et promptement à la détermination des espèces.

Enfin j'ai cru devoir mentionner les différentes races d'animaux domestiques dont l'élevage se fait en grand dans le département, leur présence n'étant pas sans influence sur le cachet caractéristique de la Faune.

---

(1) **Essai sur la Faune de l'Allier ou Catalogue raisonné des animaux** sauvages observés jusqu'à ce jour dans ce département, par Ernest OLIVIER (Extr. du *Bull. de la Soc. d'Emul. de l'Allier*, 1880). Tir. à part., gr. in-8°, p. 84.

Supplément à l'essai sur la Faune de l'Allier (**Vertébrés**), par Ernest OLIVIER. (Extrait du *Bull. de la Soc. d'Emul. de l'Allier*, 1884.) Tir. à part, gr. in-8°, p. 26.

Ces deux ouvrages sont avec un travail de M. Givois, sur les **Oiseaux du Plateau central** publié dans la *Revue scientifique du Bourbonnais et du Centre de la France*, et plusieurs notices insérées dans le même recueil, les seuls documents qui existent sur les animaux vertébrés du département de l'Allier.

(2) Cependant il doit exister dans le département quelques espèces de Cheiroptères en plus des sept que j'ai rencontrées.

EMBRANCHEMENT I. — VERTÉBRÉS

Les vertébrés ont un squelette osseux, le sang rouge et respirent au moyen de poumons ou de branchies. Ils se divisent en cinq classes : Mammifères, Oiseaux, Reptiles, Batraciens, Poissons.

Classe I. — MAMMIFERES

Sang chaud, peau couverte de poils, mâchoires munies de dents ; vivipares.

Ordre I. — CHEIROPTÈRES

Les Cheiroptères, Chiroptères ou Chauves-souris sont remarquables parmi les Mammifères par la membrane qui réunit leurs membres et leur donne la faculté de voler. Leurs canines sont bien développées, leurs molaires sont terminées par des tubercules aigus et leurs incisives supérieures sont largement séparées entre elles.

Ce sont des animaux nocturnes ou crépusculaires qui se réfugient le matin dans des réduits obscurs et demeurent toute la journée dans une immobilité absolue, ordinairement suspendus par les pattes postérieures. Ils se nourrissent exclusivement d'insectes et réclament à ce titre la protection des agriculteurs : ils font surtout une énorme consommation de hannetons, cousins, phalènes et autres papillons crépusculaires comme eux, qu'ils poursuivent et saisissent au vol. Les chauves-souris, à l'approche de la mauvaise saison, dès les premiers jours de novembre, se réunissent, en nombre parfois considérable, dans les clochers, les caves, les grottes, les fissures de rochers, etc., où elles passent tout l'hiver, sans remuer, ni manger, plongées dans une léthargie plus ou moins profonde, dont elles ne sortent qu'au retour du printemps. En mars ou avril, suivant les espèces, elles reviennent à la vie active, et les femelles ne tardent pas à mettre au monde un ou deux petits, qui restent accrochés à leurs mamelles pendant environ six semaines et qu'elles portent partout avec elles, dans leurs évolutions aériennes.

Ces petits n'ont pas d'attachement particulier pour leur mère : ils ne demandent qu'une nourrice, et j'ai observé, dans une grotte du Jura, une nombreuse colonie d'oreillards, dont les jeunes changeaient de place et s'attachaient à n'importe quelles femelles qui les accueillaient toujours également bien.

TABLEAU DES GENRES

1. Museau présentant un repli cutané en forme de fer à cheval, au fond duquel s'ouvrent les narines et qui se joint sous le nez à un appendice en forme de feuille. plissée sur le front ; oreilles dépourvues d'oreillon . . . . **Rhinolophus.**

    Museau sans repli cutané ; oreilles pourvues à l'intérieur d'un oreillon bien distinct **2**

2. Oreillon long et étroit. dressé. à extrémité plus ou moins aiguë. **3**

    Oreillon court. courbé en dedans, à extrémité obtuse parfois arrondie. . . . . **Vesperugo.**

3. Oreilles très grandes, soudées ensemble à leur base. **Plecotus.**

    Oreilles généralement moyennes, bien séparées
    Vespertilio.

RHINOLOPHUS Geoffr.

Espèce de grande taille ; avant-bras ayant au moins 57 millim.
ferrum equinum.

Petite espèce ; avant-bras n'ayant pas plus de 40 millim.
hipposideros.

1. — Rhinolophus hipposideros BECHS. *R. bihastatus* GEOFFR. *Petit fer-à-cheval.*

Dans les grottes, les carrières, les vieux bâtiments.

Cette espèce paraît rare dans notre département et je ne peux la signaler que dans la grotte de l'Ardoisière et les ruines des Grivats, près Cusset, où M. Givois, pharmacien à Vichy, en a capturé plusieurs individus qu'il a bien voulu m'envoyer. Pendant la journée et sa période d'hivernage, ce cheiroptère se suspend verticalement par les pattes de derrière en s'enveloppant entièrement de ses ailes. Il n'est alors pas plus gros que la chrysalide des papillons *tête de mort* ou *paon de nuit*, dont il présente absolument l'apparence.

Le *Rhinolophus ferrum-equinum* ou *Grand fer-à-cheval* est d'une taille beaucoup plus avantageuse que l'*hipposideros*, dont il offre tous les caractères agrandis. Il hiverne dans les grottes en sociétés nombreuses, et il est très possible qu'il existe dans notre département, où je ne l'ai pas encore rencontré.

VESPERUGO KEYS.

1. Oreillon dilaté par en haut, sécuriforme et courbé en dedans, ayant sa plus grande largeur près du sommet. . .   *noctula.*
   Oreillon ne se dilatant pas par en haut et offrant sa plus grande largeur à sa base.   2
2. Oreille fortement échancrée au tiers de son bord externe ; taille petite . . . .   *pipistrellus.*
   Oreille sans échancrure sensible à son bord externe ; taille grande . . . .   *serotinus.*

2. — Vesperugo noctula SCHR. *Noctule.*

La noctule est la plus grande de nos chauves-souris : on la reconnaît facilement à la forme de son oreillon. Elle est assez commune et on la voit circuler, les soirs, de bonne heure, volant souvent très haut au-dessus des bois et des prairies et n'approchant guère des habitations ; elle aime à tournoyer au-dessus des étangs et des rivières, à la surface desquels elle s'abaisse pour boire, en rasant l'eau d'un vol rapide, comme le font les hirondelles. Elle donne la chasse aux Géotrupes et aux Rhizotrogues, dont elle s'empare avec beaucoup d'habileté et dont elle fait une grande consommation. Elle hiverne tard dans les arbres creux : il n'est pas rare d'en rencontrer volant encore le 10 novembre. A cette époque, elle est chargée de graisse et certains individus atteignent presque la taille du merle.

3. — **V. pipistrellus** Schr. *Pipistrelle.*

La plus petite et la plus commune des chauves-souris de notre région. On la rencontre partout, dans les greniers, les fentes des murs, les clochers, les troncs d'arbres creux. Elle vole dès le coucher du soleil, autour des bâtiments et dans les rues des villes. Son sommeil d'hivernage est court et très léger, et on la voit souvent voler en plein hiver.

4. — **V. serotinus** Schr. *Sérotine.*

Dans les vieux arbres, les bâtiments inhabités, les clochers. Paraît peu commun. Moulins dans la charpente de la cathédrale, Montluçon dans une fente d'un vieux mur, Laprugne dans l'église.

VESPERTILIO Keys.

Oreille beaucoup plus longue que la tête, à peine échancrée à son bord externe . . . . *murinus.*
Oreille pas plus longue que la tête, profondément échancrée à son bord externe. . . . . *mystacinus.*

5. — **Vespertilio murinus** Schr. *Chauve-souris murin.*

Facilement reconnaissable à son pelage blanchâtre en dessous et à ses oreilles aussi longues que la tête. Commun dans les greniers, les clochers, souvent en colonies nombreuses. Abonde dans la charpente et la toiture de la cathédrale, à Moulins.

6.— V. mystacinus Leisl. *Chauve-souris à moustaches.*

Vole le soir, d'assez bonne heure à la lisière des bois, au-dessus des étangs, autour des bâtiments et dans les rues des villes. Commun.

Varie beaucoup comme taille et coloration.

PLECOTUS Geoffr.

7. — Plecotus auritus L. *Oreillard.*

Remarquable par la dimension exagérée de ses oreilles, presque aussi grandes que le corps. Pendant le vol, il les porte droites, en avant ; au repos, suspendu par les pattes, il les cache sous ses bras, laissant paraître seulement son long oreillon pointu qui paraît être sa véritable oreille. Il vole presque toute la nuit : j'en ai vu, attirés par la lumière, entrer à minuit dans des appartements. Très commun, dans les caves, les granges, les greniers, etc.

Les individus provenant de notre département sont beaucoup plus petits que ceux qui habitent la Franche-Comté, où l'espèce est également très répandue.

Ordre II. — INSECTIVORES

Bien que se montrant quelquefois en plein jour, c'est encore pendant la nuit, à partir du crépuscule, que les animaux de cet ordre déploient toute leur activité et parcourent les champs et les bois à la recherche de leur proie. Un seul, le hérisson, hiverne pendant la mauvaise saison et sommeille, jusqu'au printemps, dans la retraite qu'il s'est préparée. Les musaraignes se réfugient alors également au fond de leurs terriers, mais elles ne dorment guère et font de fréquentes sorties. Ce sont les plus petits des mammifères. Elles sont généralement confondues par le vulgaire avec les souris dont elles ont, à peu près, les formes extérieures, et cette ressemblance leur est souvent fatale : elles en diffèrent cependant essentiellement par la dentition et le régime qui consiste presque exclusivement en insectes ; car elles ne s'attaquent que bien rarement aux semences de nos légumes et de nos céréales. Quant à la taupe, à l'abri du froid comme du soleil, dans la profondeur de ses galeries, elle poursuit constamment ses travaux, même pendant les hivers les plus rigoureux. Les insectivores ont une dentition complète : incisives, canines et molaires, ces dernières hérissées de pointes aiguës.

TABLEAU DES GENRES

1. Corps couvert de piquants. . . . . **Erinaceus.**
   Corps sans piquants **2**
2. Pattes essentiellement fouisseuses. . . . . . **Talpa.**
   Pattes conformées pour la marche. . . . . . **Sorex.**

ERINACEUS L.

8. — Erinaceus ureopœus L. *Hérisson.*

Remarquable par les piquants dont son corps est couvert et par la faculté qu'il possède de les redresser en se roulant en boule quand un danger le menace. Se nourrit d'insectes, de fruits et de racines ; aussi de serpents, souris et petits oiseaux ; il attaque les vipères et paraît insensible à leur venin

Commun dans les haies, les bois, les broussailles. Il passe l'hiver endormi et roulé en boule dans un trou peu profond, qu'il a garni auparavant d'herbes et de feuilles sèches, de façon à en être entièrement recouvert.

TALPA L.

9. — Talpa europea L. *Taupe.*

Bien connue de tous les jardiniers et agriculteurs par les dégàts que causent aux semis et aux jeunes plants ses conduits souterrains, et surtout la terre qu'elle repousse au dehors et qui forme les amas sphériques ou *taupinières*, parfois si nombreux dans les localités qu'elle habite. En compensation, elle dévore une quantité considérable de courtilières et de larves d'insectes nuisibles, surtout celles du hanneton ou *vers blancs*. Elle ne s'engourdit pas pendant l'hiver et, par les plus grands froids, circule souvent sous la neige à la surface du sol. Elle ne redoute que l'inondation.

Les *taupinières,* quand elles sont nombreuses dans les prairies, causent un grand préjudice à la récolte du foin, d'abord en l'enterrant, puis en apportant des obstacles à une fauchaison régulière. Il y a donc souvent nécessité de détruire les taupes. Une foule de moyens, réussissant plus ou moins bien, ont été proposés. En voici un que j'ai expérimenté, qui est facile à employer et dont l'efficacité est certaine. On ramasse des lombrics (vers de terre), que l'on laisse pendant une journée, dans un vase quelconque, dégorger la terre qu'ils contiennent. On les en retire ensuite, pour les saupoudrer légèrement dans un autre vase avec de la noix vomique en poudre (30 gr. bien pulvérisés suffisent pour une écuelle de vers). On les conserve ainsi pendant une demi-heure environ, puis on les dépose dans les galeries des taupes, en ayant soin de ne pas les toucher avec les doigts ; car l'odorat des taupes est très développé et elles ne touchent pas à l'appât si elles flairent sur ce dernier le contact des mains de l'homme. On peut se servir, pour cette opération d'une petite pince en bois. Les taupes, très friandes de vers de terre, s'empoisonnent et on arrive ainsi, en recommençant l'opération s'il le faut, à se débarrasser rapidement de ces animaux.

La fourrure des taupes est très fine et peut être utilisée pour faire des coiffures, des garnitures de vêtements. On en trouve parfois de couleur orangée et même entièrement blanche ou encore mélangée de jaune et de noir.

SOREX L.

1.	Dents blanches	2
	Dents rouges à la pointe	4
2.	28 dents	3
	30 dents	*etruscus.*

3. Couleur brune du dessus du corps se fondant insensiblement
avec la couleur moins foncée du dessous . . . . . *araneus.*
Couleur brune du dessus du corps brusquement séparée sans
transition de la teinte blanche du dessous . . . . *leucodon.*

4. 30 dents ; incisives inférieures non dentelées. . . . . *fodiens.*
32 dents ; incisives inférieures dentelées. 5

5. Dos noirâtre ; dessous du corps d'un cendré blanchâtre : queue
de grosseur égale, un peu carrée ; ongles non recouverts par le
poil ; grande taille (11-13 centim.). . . . . *vulgaris.*
Gris brun en dessus, cendré en dessous, sauf la gorge et les
lèvres blanchâtres ; queue étranglée à la base, ensuite épaisse,
arrondie et finissant en pointe ; racine des ongles couverte par
le poil ; taille moindre (9 centim.). . . . . *pygmeus.*

10. — Sorex fodiens Pall. *Crossopus fodiens* Wagl.
Musaraigne d'eau.

Pieds et queue munis d'une rangée de cils raides formant nageoire, noir en dessus, blanc pur en dessous, queue aussi longue que le corps. Cette musaraigne habite au bord des rivières et ruisseaux, sous les joncs, les pierres et dans des terriers qu'elle creuse dans les berges. Elle nage et plonge très bien et se nourrit d'insectes aquatiques, de petits poissons, d'écrevisses et même de grenouilles. Peu commune. Dans les fossés de la Limagne, près Riom (Du Buysson).

11. — S. vulgaris L. *S. tetragonurus* Herm. *Musaraigne carrelet.*

Très commune dans les bois, les jardins, où elle court et chasse le soir en poussant une petite stridulation analogue à celle des chauves-souris. Les chats la tuent, mais ne la mangent pas, probablement à cause de la forte odeur de musc qu'elle exhale ; elle a pour parasite un petit coléoptère aveugle qui vit dans sa fourrure, le *Leptinus testaceus.*

12. — S. pygmœus Pall.

Commun dans les bois, sous les mousses, les amas de feuilles ; circule souvent pendant le jour. Cette petite espèce, à peine un peu plus grande que le Musaraigne étrusque, semble remplacer celle-ci dans notre région et tout le nord de l'Europe.

13. — S. araneus Schr. *Crocidura aranea* Schr. *Rat à museau pointu.*

Dans les haies, les amas de pierres, les jardins ; pénètre souvent pendant l'hiver dans les habitations, les greniers, les écuries. Commun.

14. — S. leucodon Herm.

Diffère de l'espèce précédente par sa queue plus courte et la teinte blanche de son ventre, qui se joint sans transition à la couleur brune du dessus du corps.

15. — S. etruscus Savi.

Le plus petit des mammifères. Reconnaissable parmi ses congénères à ses trente dents blanches ; d'un gris cendré plus ou moins lavé de roux en dessus, d'un gris plus clair en dessous. Espèce méridionale qui pourra peut-être se rencontrer dans notre région.

Ordre III. — RONGEURS

Répandus à profusion partout, les rongeurs, malgré leur petite taille, nous font un tort immense et, bien que ne versant pas le sang et ne s'attaquant pas généralement aux habitants de nos basses-cours et de nos bergeries, les dégâts qu'ils commettent chaque année peuvent être évalués à un chiffre considérable. Seul d'entre eux, le pauvre lièvre est à peu près inoffensif, et c'est cependant à lui que l'homme fait la guerre la plus acharnée. L'écureuil, qui ne se nourrit guère que de graines et de fruits dont nous ne pouvons tirer parti, demande grâce aussi pour sa gentillesse. Toutes les autres espèces doivent être proscrites sans pitié. Les loirs, lérots et mulots, dans les bois et les jardins fruitiers ; les campagnols dans les prairies, les cultures et au bord des eaux ; les rats dans les magasins, les écuries, les bâtiments d'exploitation ; les souris jusque dans nos appartements, tous signalent leur présence par de nombreux méfaits et, malgré les pièges de toute sorte employés à leur destruction, continuent à se propager, grâce à leur petitesse et à leur fécondité. Et cependant, l'homme n'est pas leur seul ennemi : les rongeurs sont le pain quotidien de toutes les bêtes de rapine, animaux carnassiers, oiseaux de proie, couleuvres et vipères, qui en font leur proie habituelle et leur ordinaire de chaque jour. Leur dentition est bien caractéristique : ils n'ont que des incisives et des molaires séparées par un large espace vide. Les incisives longues, taillées en biseau, croissent sans cesse au fur et à mesure de leur usure : elles sont au nombre de deux à chaque mâchoire, sauf chez les lièvres et les lapins qui en possèdent quatre à la mâchoire supérieure.

TABLEAU DES GENRES

1. Quatre incisives à la mâchoire supérieure. **Lepus.**
   Deux incisives seulement à chaque mâchoire . . 2
2. 22 dents . . . . **Sciurus.**
   20 dents 3
   16 dents 4
3. Queue longue . . . . **Myoxus.**
   Point de queue . . . . **Cavia.**
4. Queue longue et couverte d'écailles . . . . . . **Mus.**
   Queue courte, garnie de poils ras . . . . **Arvicola.**

LEPUS L.

Oreilles noires à leur extrémité . . . . *timidus.*
Oreilles entièrement grises . . . . *cuniculus.*

16. — Lepus timidus L. *Lièvre.*

Très commun partout, dans les champs et les bois, en plaine comme en montagne, où il vit généralement solitaire ou par couples. Certains individus ont la fourrure mouchetée de blanc ou entièrement d'un blanc grisâtre.

Les jeunes lièvres naissent couverts de poils, les yeux ouverts, et sont en état de marcher quelques heures après leur naissance.

17. — L. cuniculus L. *Lapin de garenne.*

Dans les bois taillis, les broussailles, les haies des terrains secs, dans les Salix aux bords de l'Allier et de la Loire. Très commun ; pullule certaines années, puis dans les mêmes localités, diminue ensuite sensiblement. Se construit des terriers dans les terrains meubles, utilise des fissures de rochers et d'anciens terriers de renard, mais ne s'y réfugie qu'en cas de poursuite et quand la terre est couverte de neige ; ordinairement passe la journée blotti dans un gîte à l'instar de celui du lièvre. Quelques jours avant de mettre bas, la femelle creuse un trou peu profond qu'elle garnit d'herbes sèches et de poils qu'elle s'arrache sur le ventre ; elle y dépose de quatre à sept petits qui naissent presque nus et les yeux fermés et qu'elle vient allaiter chaque nuit pendant trois à quatre semaines ; le matin en se retirant, elle a soin de fermer l'ouverture du trou avec de la terre détrempée dans son urine.

On trouve de temps en temps des individus à pelage noir, avec le bout des pattes blanc, et même entièrement noir.

Le lapin de garenne est bien différent du lièvre par sa manière de vivre, par ses allures, par la nature de sa fourrure, par la conformation des jeunes à leur naissance.

Le Lapin domestique ou Lapin de clapier *(Lepus domesticus)* paraît être une espèce différente. Il présente un grand nombre de variétés à poil blanc, jaune, roux, gris, noir, tacheté, à oreilles droites ou tombantes, etc., mais ne reproduit jamais le vrai type du lapin de garenne. On l'élève en grand nombre dans tout le département et il entre pour un chiffre important dans la consommation. Certaines variétés sont bien fixées comme le lapin argenté, le lapin russe, le lapin angora, le lapin bélier.

Quant aux Léporides, prétendus produits du croisement du lapin et du lièvre, leur existence n'a jamais été établie d'une façon véritablement authentique.

SCIURUS L.

18. — Sciurus vulgaris L. *Ecureuil, Chatécurieu.*

Dans les taillis, les futaies. les parcs, les vergers.
Commun. Se nourrit de faînes, noix, châtaignes, noisettes, graines de charmes, cônes de pins, dont il fait
d'abondantes provisions dans des arbres creux ou dans
de vieux nids de pies ou de buses. C'est au mois d'octobre que les écureuils amassent leur récolte et on les
voit à cette époque, circuler activement toute la journée.
Ils consomment aussi les poires, les coings et autres fruits
qu'ils ouvrent pour grignoter seulement les pépins.
Leur couleur varie beaucoup : rouge, gris. blanchâtre,
blanc ou presque noir. La fourrure connue sous le nom
de *petit gris*, est la dépouille d'une variété de Laponie
et Sibérie.

MYOXUS Schr.

Queue cylindrique dans toute son étendue, taille petite.

avellanarius.

Queue fauve, arrondie, touffue seulement à son extrémité qui
est noire . . . . *nitela.*
Queue de la couleur du corps et très touffue dans toute sa
longueur . . . . *glis.*

19. — Myoxus glis L. *Loir.*

Dans les forêts, où il vit de graines et de fruits ; hiverne pendant la mauvaise saison dans des arbres creux
ou dans de vieux nids de buses. Rare. Je n'ai connaissance que d'un seul individu capturé dans la forêt de
Tronçais.

20. — M. nitela Schr. *M. quercinus* L. *Lérot, Rat barré.*

Dans les vergers, les jardins, les haies près des habitations dans lesquelles il s'introduit souvent. Commun.
Grand amateur de fruits, le lérot commet de nombreux
dégâts dans les jardins fruitiers et est surtout friand de
pêches qu'il entame avant qu'elles ne soient arrivées à
complète maturité. S'engourdit pendant l'hiver.

21. — M. avellanarius L. *Muscardin, Rat des noisettes.*

Dans les taillis, les haies, les broussailles, les bosquets de coudriers où il se construit des nids à peine à hauteur d'homme. Rare. Bois des Bordes, près Moulins.

Le Cobaye ou cochon d'Inde, cochon de mer (*Cavia porcellus*) est un petit rongeur depuis longtemps domestiqué et qu'on ne retrouve plus nulle part à l'état sauvage. On croit qu'il provient de l'Amérique du Sud où vit encore une espèce voisine (*Cavia aperea*). Il chasse, dit-on, par son odeur, les rats des bâtiments qu'il habite.

MUS L.

1. Taille grande (section des rats). 2
   Taille relativement petite (section des souris) 4
2. Queue plus courte que le corps . . . . *decumanus.*
   Queue plus longue que le corps 3
3. Pelage entièrement noir. . . . . *rattus.*
   Ventre blanc ou blanchâtre . . . . *alexandrinus.*
4. Pelage bicolore 5
   Pelage presqu'unicolore. . . . . *musculus.*
5. Oreilles nues, grandes. . . . . *sylvaticus.*
   Oreilles couvertes de poils ras, moins larges. 6
6. Pelage d'un roux orange en dessus, blanc en dessous ; oreilles
   n'ayant que le tiers de la longueur de la tête . . . *minutus.*
   Pelage fauve en dessus, gris jaunâtre en dessous ; oreilles un
   peu plus longues que la moitié de la tête ; taille plus grande.
   hortulanus.

22. — Mus decumanus PALL. *Surmulot, Rat d'égout.*

Le plus gros de nos rats. On en trouve à l'abattoir de Moulins qui pèsent plus de 600 grammes ; gris en dessus, blanchâtre en dessous à queue très grosse, dénudée, plus courte que le corps.

Très commun dans toutes les villes où il habite de préférence les égouts, les tanneries, les abattoirs ; il nage et plonge avec facilité. Armé de longues incisives aiguës, il est d'une voracité incroyable : omnivore et spécialement carnivore, il fait la guerre aux autres rats et détruit les jeunes animaux de basse-cour. Dans les écuries, il vient pendant la nuit ronger la corne des pieds des chevaux et des ruminants ; les journaux relatent fréquemment le cas d'enfants en bas âge laissés seuls dont un rat est venu dévorer le visage et les membres.

Ce rat est indigène de l'Inde et de la Perse. Pallas rapporte qu'en 1727, à la suite d'un tremblement de terre, il traversa en grandes bandes le Volga près d'Astrakan et se répandit rapidement dans le centre et l'ouest de l'Europe. Il fit son apparition à Paris en 1753 : presqu'à la même époque, des vaisseaux le transportaient des Indes en Angleterre et aujourd'hui on le rencontre sur toute la surface de la terre où il pullule dans plusieurs régions.

23. — **M. rattus** L. *Rat noir, Liron.*

Noir lustré en dessus, cendré très foncé en dessous ; beaucoup plus petit que le précédent dont il se distingue facilement par sa couleur et sa queue plus longue que le corps.

Très commun à la campagne dans les granges, les écuries, les greniers, les bâtiments d'exploitation. On dit qu'il est originaire d'Orient et qu'il s'est introduit en Europe à la suite des croisés.

Le surmulot fait à cette espèce une guerre à outrance et parviendra à la détruire complètement ; aussi le rat noir est devenu rare dans les villes qu'il a dû abandonner à son terrible ennemi et on ne le rencontre que dans les villages et les fermes où ce dernier ne l'a pas encore suivi.

24. — **M. alexandrinus** Geoffr. *Rat d'Alexandrie.*

De la taille du précédent, mais il est un peu moins noir sur le dos. Son ventre est blanchâtre et sa gorge marquée d'une tache pâle légèrement soufrée. Il provient d'Egypte d'où il ne s'est répandu en France qu'au commencement du siècle lors du retour de l'expédition de Napoléon Ier. Il recherche les lieux secs et est peu répandu dans notre département.

Je n'en ai vu qu'un seul exemplaire dans la hutte d'un

charbonnier dans la forêt de Mulnay et M. Givois m'écrit qu'il y a plusieurs années, il en a capturé deux individus dans le même piège à Charmeil, près Vichy, où il n'en a plus retrouvé depuis. D'après certains naturalistes, le *M. alexandrinus* serait la souche du *M. rattus* et les quelques individus que l'on en peut rencontrer encore ne seraient que des essais de retour à la forme primordiale.

25. — M. musculus L. *Souris, Seuris, Soris.*

Trop abondante dans les maisons, les magasins, les écuries, les granges et tous les lieux habités. La couleur de ce petit animal est devenue caractéristique : *gris souris ;* cependant on en rencontre assez souvent des variétés blanches, rousses, pies, etc. On élève en captivité une race albinos d'un beau blanc avec les yeux roses.

26. — M. hortulanus Nordm.

Ressemble beaucoup à l'espèce précédente : elle a la queue plus courte, le dos plus roux, le dessous d'un gris jaunâtre. Son genre de vie est en outre différent ; on ne la trouve guère dans les villes et même à la campagne elle s'approche peu des habitations, et habite constamment les champs, les jardins, les vergers. Peu commun.

27. — M. sylvaticus L. *Mulot, Souris des bois, Rat des bois.*

Remarquable par la longueur de ses jambes postérieures grâce auxquelles il exécute en courant des sauts relativement étendus, à la façon des kanguroos.

Très commun dans tous les bois où il habite des terriers, dans les berges des fossés et sous les souches des arbres ; se réfugie parfois dans les granges à proximité des forêts durant les hivers rigoureux.

28. — M. minutus Pall. *Souris naine, Souris des moissons.*

Bien plus petite que la souris commune, cette gracieuse espèce dont le corps ne dépasse pas 6 centimètres se reconnaît aisément à la briéveté de ses oreilles et à la couleur d'un roux orangé du dessus de son corps. Elle se construit un nid globuleux assez volumineux qu'elle fixe dans les moissons à des chaumes de céréales, dans les prairies à de fortes graminées ou qu'elle établit dans des buissons de ronces ou même dans des sarments de vigne. Elle ne quitte guère les champs ou les bois où elle n'est pas rare. On la rencontre plus fréquemment dans les moissons et on en trouve presque toujours en plus ou moins grand nombre au moment du battage des grains sous les dernières gerbes des meules.

ARVICOLA Lac.

1. Dents molaires munies de racines pointues . . . . *glareolus.*
   Dents molaires en forme de prismes sans racines pointues. 2
2. Taille du rat, ou à peu près. . . . . *amphibius.*
   Taille de la souris. 3
3. Plante des pieds postérieurs munie de six tubercules arrondis. 4
   Plante des pieds postérieurs n'ayant que cinq tubercules
   subterraneus.
4. Dessus de la queue d'une teinte foncée qui tranche nettement
   avec la teinte claire du dessous. . . . . *agrestis.*
   Queue unicolore, ou à peine plus foncée en dessus et dans ce
   cas, sans limites bien nettes entre les deux teintes. *arvalis.*

29. — **Arvicola amphibius** L. *A. musignani* Sél. *Campagnol amphibie, Rat d'eau.*

A peu près de la taille du rat noir, mais facilement reconnaissable à sa queue courte et bien garnie de poils. Il vit dans des terriers au bord des rivières et ruisseaux ; il nage très bien et vit de bulbes, d'écorces, d'insectes aquatiques, d'écrevisses, grenouilles, poissons. Dans les étangs, il détruit une grande quantité de frai ou d'alevin et n'épargne pas non plus les œufs et les jeunes des oiseaux aquatiques. Il se mange dans certaines contrées : dans le midi notamment, les paysans lui font une chasse active.

On le trouve communément au bord de nos rivières, de nos ruisseaux et de tous les grands étangs.

Le nom d'*A. terrestris* L. a été donné à des individus un peu plus petits dont les mœurs sont plus exclusivement terrestres, mais qui ne peuvent pas être séparés spécifiquement de l'*amphibius* L.

30. — A. arvalis Pall. *Campagnol des champs, Rat des champs.*

Désigné souvent à tort par la dénomination de *mulot* qui s'applique au *Mus sylvaticus*.

Gris brun ou noirâtre en dessus, un peu plus clair en dessous.

Très commun dans les champs et les prairies qu'il sillonne de ses galeries, où il vit par familles et où il fourmille certaines années. Il est excessivement fécond et on rencontre à peu près dans toutes les saisons, même en hiver, des femelles pleines et des jeunes.

Dans les régions à céréales du Nord et de l'Est de la France, ainsi que dans les grandes plaines de l'Europe septentrionale, les Campagnols des champs multiplient quelquefois au point de détruire complétement les récoltes. On emploie pour les combattre une foule de procédés qui dans la plupart des cas se montrent insuffisants. L'année dernière (1892), M. Danysz, directeur du laboratoire de parasitologie à la Bourse de commerce de Paris, découvrit dans le sang d'un campagnol mort de maladie un bacille ovoïde qu'il cultiva et avec lequel il tua d'autres campagnols bien portants en le leur inoculant dans une veine. Il fit alors l'expérience en grand et répandit sur 75 hectares d'un domaine du département de l'Aube infesté de campagnols, de petites boulettes de pain garnies du bacille en question. Au bout de trois jours, des masses de cadavres de campagnols étaient trouvées dans les terres sur lesquelles avait été répandu le poison. L'essai paraît concluant et cette méthode peu difficile à employer serait donc efficace pour s'opposer aux ravages de ces rongeurs ou du moins pour les atténuer dans de grandes proportions.

Dans notre département, le campagnol des champs

quoique très répandu n'est pas multiplié au point de devenir pour notre agriculture une cause de danger.

31. — A. agrestis L. *Campagnol agreste.*

Ressemble beaucoup au précédent dont il diffère par les caractères donnés au tableau des espèces (p. 24) ; cependant beaucoup d'auteurs n'en font qu'une variété. Il habite plus volontiers la lisière des bois et des taillis humides, et se rencontre communément.

32. — A. glareolus Schr. *Campagnol roussâtre.*

De la taille des précédents ; pelage variable, ordinairement d'un roux vif sur le dos, gris sur les flancs, pieds et ventre blancs avec la queue blanche en dessous et brune en dessus. Habite la lisière des bois, les haies, les broussailles.

Ce campagnol ressemble assez à certaines variétés des autres espèces, mais il s'en distingue nettement par ses dents molaires munies de racines pointues, caractère qui ne se retrouve pas chez ses congénères dont les molaires sont prismatiques, aussi larges à leur racine qu'à la couronne.

Je n'ai jamais vu l'*Arvicola glareolus*, mais il existe incontestablement dans notre département, puisque j'ai trouvé fréquemment ses mandibules bien caractéristiques dans les pelotes de réfection des rapaces nocturnes, dans la forêt de Moladier, à Broût-Vernet, etc. (1).

L'*Arvicola subterraneus* à formes plus trapues que les précédents pourra se rencontrer dans notre dépar-

---

(1) Les ducs, hiboux, chouettes, hulottes, avalent entiers les petits animaux dont ils s'emparent. Les parties qu'ils ne peuvent digérer, poils, os, griffes, etc., s'agglutinent ensemble dans le gésier et sont expulsés au dehors par le bec, sous forme de pelotes sphériques, de volume variable suivant la taille de l'oiseau. Ces pelotes sont parfois abondantes dans les arbres creux où ces rapaces passent la journée. On y trouve généralement intacts et parfaitement reconnaissables les crânes des petits rongeurs et insectivores dont ils ont fait leur proie.

tement. Il se distingue facilement des autres espèces, par ses pieds postérieurs munis seulement de cinq tubercules.

Ordre IV. — CARNIVORES

Abondamment répartis sur la surface de la terre, les carnivores comptent des représentants dans tous les pays du monde. Ils vivent de chair et font leur proie d'autres animaux plus faibles qu'eux. En France, ils s'attaquent aux animaux domestiques, au gibier, aux volailles, aux poïssons de nos étangs et de nos rivières ; ils font aussi une grande consommation de rats et des autres petits rongeurs. La mission qu'ils ont reçue de la providence étant de s'opposer à la trop grande multiplication des' espèces dont ils se nourissent, ils sont sous ce rapport grandement remplacés par l'homme et ils peuvent tous être détruits sans qu'il en résulte d'inconvénients dans l'équilibre de la nature. Ils sont, du reste, en voie de décroissance rapide, et les grandes espèces deviennent chaque jour plus rares. Ils étaient très abondants aux époques géologiques ; les périodes tertiaire et quaternaire nous offrent des restes de représentants gigantesques des animaux de cet ordre : la grotte de Chatelperron, entr'autres gisements, a fourni de beaux spécimens de ces espèces disparues.

Les Carnivores sont armés d'une puissante mâchoire dont les canines sont bien développées et les molaires tranchantes ; les incisives sont, par contre, petites.

TABLEAU DES GENRES

1. Pied semi-plantigrade, c'est-à-dire appuyant sur le sol par les doigts, et la moitié, au moins, de la plante 2
    Pied absolument digitigrade, c'est-à-dire n'appuyant sur le sol que par l'extrémité des doigts. . . . 5
2. Queue courte, à peine plus longue que la tête. **Meles.**
    Queue toujours plus longue que la tête. 3

3. Pelage cendré, parsemé de taches noires. **Genetta.**
   Pelage de couleur uniforme, sans taches. 4
4. Doigts des pieds entièrement réunis par une membrane . . . . **Lutra.**
   Doigts libres, ou à peu près. . . . . **Mustela.**
5. Ongles rétractiles . . . . **Felis.**
   Ongles non rétractiles. . . . . **Canis.**

MELES Briss.

33. — Meles taxus Schr. *Blaireau, Tachon Tesson.*
Dans tous les bois et forêts où il se creuse des terriers
ou s'arrange un domicile dans des fissures des rochers.
Essentiellement nocturne, il ne sort de sa demeure que
le soir pour faire de grandes excursions, mais il y rentre
de très bonne heure, de sorte qu'on ne le rencontre pendant la journée que dans les cas très rares où le lever
du soleil l'a surpris loin de son terrier. Il se réfugie alors
dans les fourrés les plus épais et quelquefois sous les
ponceaux qui traversent les routes. Il est omnivore, vit
de fruits, de graines, de souris, d'œufs, de petits oiseaux,
de lapereaux qu'il déterre ; il est très friand de raisins
et d'épis de maïs : il dévore les lézards, couleuvres et
vipères, sans souffrir du venin de ces dernières.

En hiver, pendant les périodes de froid rigoureux, il
ne sort plus que très peu et demeure endormi au fond
de son terrier.

On distingue à tort un blaireau chien et un blaireau
cochon, les différences observées dans la forme du nez
ne reposent que sur la comparaison d'individus maigres
et gras. La femelle met bas dès la fin de février trois à
cinq petits dans un lit de graminées et de feuilles qu'elle
a préparé préalablement au plus profond de sa demeure.

GENETTA Cuv.

34. — Genetta vulgaris G. Cuv. *Viverra genetta* L.
Genette.

D'un gris fauve parsemé sur tout le corps de taches

noires arrondies ou ovalaires, confluentes sur le milieu du dos de façon à former une ligne noire continue ; queue annelée de noir en dessus ; deux grosses glandes, près de l'anus, à l'origine de la queue, secrètent une substance onctueuse, analogue au produit de la civette.

Ce joli animal, à peu près de la taille d'un chat, habite les pays montagneux et boisés où il se plait surtout aux bords escarpés des ruisseaux et sur les pentes rocheuses et ravinées ; il vit dans des terriers ou dans des arbres creux. Je ne peux signaler dans notre département qu'une seule capture authentique de cette espèce. En janvier 1889, un paysan qui passait dans les bois de la Moussière, près Ferrières, poursuivit un animal qui entra dans une fissure de rochers ; il put le tirer par la queue et le tua d'un coup de pied sur la tête : c'était une belle Genette femelle qui a été montée par M. Marsepoil, naturaliste à Moulins. On m'a rapporté qu'une autre Genette avait été tuée, il y a plusieurs années, près de Montmarault.

M. le comte de Durat en conserve dans sa collection un individu, capturé tout près de nos limites, à Château-sur-Cher (Puy-de-Dôme) (1). Un autre a été tué dans le même département, à Saint-Quintin, près Ebreuil (Vte d'Aurelle).

LUTRA L.

35. — **Lutra vulgaris** Erxl. *Loutre.*

La Loutre est commune aux bords de l'Allier, de la Loire, du Cher, de la Sioule, de la Besbre, de l'Andelot, de la Bouble, d'où elle remonte le long de leurs affluents dans les grands étangs. Elle détruit une immense quantité de poissons dont elle compose presqu'exclusivement sa nourriture et qu'elle mange immédiatement au bord de l'eau, contrairement à ce que fait le renard qui, très friand aussi de poissons, emporte et va dévorer au loin les carpes qu'il peut saisir assez facilement à l'époque où

---

(1) Voir *Rev. scient. du Bourb. et du Centre de la Fr.* T. II, 1889, p. 109.

elles fraient. Elle habite sous des racines d'arbres ou dans des terriers creusés dans les berges. Elle plonge très bien et peut nager assez longtemps entre deux eaux sans venir respirer à la surface. Elle atteint le poids de neuf kilogrammes. Sa chair, d'un fort goût de poisson, ne constitue qu'un mets médiocre. Sa fourrure, au contraire, est fort estimée, surtout en hiver, et sert à la confection de manchons, manteaux, casquettes, etc.

Le département de l'Allier alloue une prime de deux francs par tête de loutre. Soixante à cent de ces animaux sont présentés annuellement à la préfecture.

MUSTELA L.

1. 38 dents ; langue douce.   2
    34 dents ; langue rude comme celle du chat.   3
2. Une tache jaune orange sous le cou. . . . .   *martes.*
    Une tache blanche sous le cou . . . .   *foina.*
3. Pelage clair en dessus, ventre blanc.   4
    Pelage foncé en dessus et en dessous.   5
4. Queue plus courte, entièrement fauve. . . . .   *vulgaris.*
    Queue plus longue, noire à l'extrémité. . . . .   *herminea.*
5. Face tachetée de blanc ou de jaunâtre, doigts entièrement
    libres . . . .   *putorius.*
    Face brune avec une tache blanche au menton, les doigts, sur-
    tout ceux des pieds de derrière réunis par une membrane
    assez développée. . . . .   *lutreola.*

36. — **Mustela martes** L. *Martes abietum* RAY. *Marte commune, Marte de France, Martre.*

D'un brun plus ou moins rougeâtre avec une grande tache d'un jaune orangé à la gorge et sur le devant de la poitrine.

Pas bien rare dans les grandes forêts qu'elle ne quitte guère et où elle habite des trous dans les arbres. Moladier, Bagnolet, Mulnay, Dreuille, Tronçais, Laide, etc. Dans les futaies, quand elle est découverte et poursuivie, elle s'élance d'un arbre à l'autre en exécutant un saut aérien. Elle est très carnassière et détruit beaucoup de nids d'oiseaux et de gibier. Sa fourrure est recherchée.

37. — M. foina Briss. *Fouine, Chatfoin.*

Ressemble à la précédente ; en diffère surtout par sa taille un peu moindre et par la tache de sa gorge qui est blanche. La fouine est beaucoup plus commune que la marte ; elle habite, surtout en hiver, les greniers, les granges, les écuries et exerce de grands ravages dans les basses-cours. Elle est très friande d'œufs. Sa fourrure est peu recherchée.

38. — M. putorius L. *Putorius fœtidus* Gr. *Putois, Pitois, Chatpitois.*

Plus petit que les précédents et entièrement d'un brun noirâtre mêlé de jaunâtre avec la face tachetée de blanc jaunâtre au museau, au-dessus des yeux et au bord des oreilles.

Commun. Dans les bois, les broussailles, les tas de pierres durant la belle saison ; se réfugie pendant l'hiver dans les écuries, les greniers, les bâtiments d'exploitation. Il vit de gibier, volaille, rats, serpents, lézards ; le venin de la vipère, n'a, paraît-il, pas d'action sur lui. Il sait découvrir les nids souterrains de guêpes et les déterre pour les dévorer. Le putois est très courageux et se défend vigoureusement contre les chiens.

Le furet (*Mustela furo* L.) qui vit en domesticité et que certains naturalistes veulent faire descendre d'une espèce d'Espagne ou d'Afrique aujourd'hui disparue, n'est qu'une variété de putois à pelage d'un blanc jaunâtre ; chez beaucoup d'individus les yeux rouges décèlent l'albinisme. Ces deux prétendues espèces s'accouplent facilement et donnent des produits intermédiaires entre les parents pour la coloration.

39. — M. lutreola L. *Vison d'Europe.*

Ressemble au putois ; s'en distingue par son pelage uniformément brun foncé, sauf le bord de la lèvre supérieure et le dessous entier de la mâchoire, blancs, son museau large, plat, ses pattes postérieures à demi palmées, ses oreilles très petites, presque cachées par le poil. Il habite au bord des étangs et rivières un terrier peu profondément creusé dans les berges et qui communique directement avec l'eau ; il nage et plonge très bien et se nourrit de poissons, de grenouilles, d'écrevisses, de rats d'eau, etc.

Rare. Isserpent (Vte d'Aurelle) ; bords de la Sioule, près Broût-Vernet (Vte du Buysson), Moulins, Aubigny. Le vison est presque toujours confondu avec le putois et il est très possible qu'il soit plus répandu qu'on le croit (1).

40. — M. herminea L. *Hermine.*

Son pelage d'un brun roux en été devient en hiver d'un beau blanc légèrement lavé de jaunâtre en dessous, mais le bout de la queue reste noir en toutes saisons.

Assez commune dans les bois, les haies épaisses ; approche généralement peu des habitations ; se nourrit d'œufs, de petits mammifères, d'oiseaux, de grenouilles, etc.

C'est cette espèce qui fournit la fourrure célèbre qui orne le costume des membres du clergé, de la magistrature et de l'enseignement. Le pelage des individus tués en hiver dans notre région est plus court et beaucoup moins épais que celui des hermines des régions septentrionales, et quoique étant de la même blancheur, a beaucoup moins de valeur.

41. — M. vulgaris Briss. *Belette.*

Le plus petit des carnivores de nos régions : brun roux en dessus pendant toute l'année, blanc en dessous ; queue courte de la couleur du corps, sans touffe terminale.

Dans les haies, les bois, les fissures de rochers, souvent dans les greniers où elle fait la chasse aux rats et aux souris avec plus de succès que les chats ; se nourrit aussi de lézards. de serpents et détruit une quantité de petits oiseaux pris au nid. Très commune.

---

(1) Voir *Rev. scient. du Bourb. et du Centre de la Fr.* T. I, 1888, p. 242, une figure représentant le Vison d'Europe.

FELIS L.

Oreilles simples ; taille du renard. . . . . *catus.*
Oreilles terminées par un pinceau de poils dressés ; taille du loup
ou à peu près. *lynx.*

42. — Felis catus L. *F. sylvestris* Briss. *Chat sauvage.*
Gris, plusieurs bandes noires sur les côtés du corps et
les joues ; queue très velue, en forme de massue, annelée
de noir. Se trouve, mais en petit nombre, dans presque
tous les bois et forêts du département ; habite dans des
trous d'arbres et dans des terriers abandonnés de renards
ou de blaireaux, généralement à proximité d'un étang ou
d'un cours d'eau. Détruit une quantité prodigieuse
de rongeurs et d'oiseaux et est un ennemi redoutable du
gibier.

Le Chat domestique est une espèce différente qui descend du Chat
ganté (*Felis lybica* Oliv. *maniculata* Rupp.) que l'on rencontre à
l'état sauvage en Algérie, en Tunisie, en Egypte et en Abyssinie, et
dont les caractères se sont modifiés par son contact avec l'homme
et sa longue domesticité. Il vit, en effet, dans les habitations depuis
les temps les plus reculés. Hérodote, qui écrivait 444 ans avant
Jésus-Christ, rapporte la grande vénération dont les chats étaient
l'objet de la part des Egyptiens, qui punissaient sévèrement leur
meurtre et se rasaient les sourcils après leur mort, en signe de deuil.
Leurs corps étaient embaumés et précieusement conservés dans un
bâtiment sacré. Les monuments de l'antique Egypte qui sont couverts de la figure de cet animal et ses nombreuses momies, que l'on
découvre chaque jour, témoignent du culte qui lui était rendu (1).

Il existe de nombreuses variétés de chats domestiques dont la plus
remarquable est le *Chat angora* à poils très longs et soyeux.

Le chat domestique quitte souvent les habitations pour aller faire
à proximité des excursions dans les champs et les bois ; il devient
alors un redoutable chasseur d'oiseaux et de gibier et doit être
rigoureusement détruit ; il a parfois la livrée du *Felis catus*, mais
alors même que la couleur du poil serait identique, il est toujours
facile de reconnaître l'espèce domestique à ses membres plus grêles,
sa queue terminée en pointe, sa fourrure moins longue, moins
épaisse, moins lustrée et moins égale.

-----

(1) Hérodote, *Histoires*, Livre II.

43. — **F. lynx** L. *Lynx, loup cervier.*

Roussâtre, parsemé sur tout le corps de petites taches d'un brun roux avec des bandes ondulées de cette même couleur sur le front ; joues garnies de longs favoris d'un fauve clair ; queue en massue pas plus longue que le quart du corps ; oreilles terminées par un gros pinceau de poils noirs.

Le lynx est un des carnassiers de France en voie de disparition. On le rencontre dans les gorges boisées des Alpes et des Pyrénées, mais il y devient de jour en jour moins abondant.

D'après les documents suivants communiqués par M. le Vte d'Aurelle de Montmorin, habile chasseur et observateur aussi consciencieux que compétent, cette espèce avait encore, il y a quelques années, des représentants dans le groupe du Montoncel, vaste région montagneuse et boisée qui se trouve à la limite des trois départements de l'Allier, du Puy-de-Dôme et de la Loire. La présence de cet animal dans le centre de la France est un fait très remarquable et il serait on ne peut plus intéressant de l'y rechercher et d'en capturer un individu dont la dépouille pourrait être conservée et démontrerait d'une façon irréfutable l'existence de cette rare espèce dans les limites de notre faune.

« En 1853, écrit M. le Vte d'Aurelle de Montmorin, j'étais allé chasser les renards au piège dans les bois entre Lezoux et Maringues (Puy-de-Dôme). Je vis là la dépouille d'un jeune lynx qu'un charron avait achetée à un braconnier et dont il s'était fait une casquette : un chasseur de ma connaissance m'assura en avoir également tué un du poids du 9 kilogrammes dans les bois de Vic-le-Comte. Dans mes courses, je remarquais chaque jour, sur la neige, mêlées à des pas de renards, d'autres empreintes que je ne connaissais pas et comme les animaux qui les laissaient, tout en suivant ma traînée, ne touchaient pas à l'appât destiné au renard, je dis à mon garde que je voulais absolument une de ces bêtes et lui promis une bonne récompense s'il m'en apportait une. Un dimanche soir, il fut se percher sur un chêne dominant le fourré où se tenait toute la nichée et il ne tarda pas à voir sortir cinq

individus, deux gros et trois petits qui se mirent à jouer sur le bord
du chemin. Il tira un des jeunes qu'il blessa et qui rentra dans le
fourré en miaulant, mais lui et moi n'avons pu réussir qu'à nous
ensanglanter les mains et la figure et à déchirer nos habits, sans
pouvoir le retrouver.

Pendant les neiges de l'hiver de 1865, j'avais remarqué les
empreintes des pas d'un animal inconnu, qui chaque nuit, suivait
le petit ruisseau sortant d'un de mes étangs, traversait le bois
Maugenet, encore existant, et gagnait les champs, toujours dans
la même direction. Je suivis ces traces qui me conduisirent à une
caverne, située tout près d'un petit taillis, caverne connue, mais non
explorée : la voûte était en partie écroulée, des broussailles obs-
truaient l'entrée : je fis déblayer l'entrée, mis le feu aux buissons, et
tenant mon fusil à la main, je me glissai à plein ventre dans l'ouverture. Après 2 ou 3 mètres, je pus me lever sur les genoux et voir
que l'éboulis allait en pente vers une sorte de fourche formée par
deux galeries qui m'ont paru avoir 3 mètres de profondeur sur
2 mètres de haut. Au fond de l'une, j'entendais les pierres rouler
sous les pas d'un animal qui se dérobait ; je ne pus le voir, et comme
la fumée m'asphyxiait, je jugeai prudent de battre en retraite. Le
lendemain, je constatai que l'animal avait délogé et s'était réfugié
dans une fissure étroite et profonde des rochers du domaine Darrien,
région couverte de bois et où abondaient les lapins. A quelque temps
de là, un braconnier, parent d'un de mes fermiers, chassant dans
ces environs avec un seul chien, vit celui-ci revenir couvert de bles-
sures après une lutte dans un fourré avec un animal qu'il ne put
apercevoir. Quelques jours plus tard, le même, chassant avec deux
chiens, vit passer à sa portée un animal inconnu accompagné d'un
autre plus petit et de couleur plus claire. Il fit feu, et le plus gros
resta sur place, poussant des hurlements affreux. Le chasseur, pris
de peur, grimpa sur un arbre et attendit. Quand l'animal fut mort,
il le prit sur ses épaules et le lendemain, jour de foire à Lapalisse,
il le portait dans cette ville pour le vendre. Mon fermier s'étant
trouvé au nombre des curieux qui examinaient ce gibier inconnu,
l'a pesé et m'en fit la description qui se rapporte exactement au
Lynx d'Europe ou *Loup-cervier*, espèce qui existait et existe
probablement encore dans les bois de Vic-le-Comte, dans ceux
de la famille de Montgon, près Maringues (Puy-de-Dôme),
et aussi dans la forêt de la Madeleine (Allier-Loire). Il pesait
30 kilogrammes, tête féline, les yeux presqu'au bout du museau,
oreilles surmontées de poils bruns, taille d'un fort chien, mais

moins haut sur jambes, griffes crochues, couleur fauve, marbrée de taches presque brunes ; queue en massue, ne dépassant pas le jarret.

Cet animal fut vendu à Lapalisse, pour la somme de 25 francs à un monsieur qui le mit de suite dans le coffre de sa voiture. J'ai regretté de n'avoir su tous ces détails que le lendemain, et depuis, je n'ai plus entendu parler dans mon voisinage de bêtes de cette sorte bien qu'il se trouve pas loin des rochers sauvages et des terriers absolument disposés pour leur offrir un domicile approprié. »

CANIS L.

Queue moins longue que la moitié du corps ; pupille de l'œil
    arrondie. . . . . *lupus*.
Queue très touffue, plus longue que la moitié du corps ; pupille de
    l'œil oblongue, allongée verticalement. . . . . *vulpes*.

44. — Canis lupus L. *Loup*.

La queue du loup est touffue, épaissie à l'extrémité, et il la porte pendante entre les jambes, au lieu de la tenir plus ou moins relevée, comme le fait le chien. Il s'écarte encore de ce dernier par ses yeux obliques placés dans la direction du nez, ses oreilles toujours droites et ses allures. Le loup ne se *méjuge* pas, c'est-à-dire qu'il pose ses pieds régulièrement les uns derrière les autres, de sorte que sa voie, sur la neige, forme une série d'empreintes absolument en ligne droite.

Il est devenu rare dans notre région. Pendant les douze années de 1883 à 1894, il n'en a été tué que 57 provenant presque tous des cantons de Chevagnes, de Dompierre et du Donjon, et de la portion de l'arrondissement de Montluçon attenant au département de la Creuse. Pendant une période précédente de douze années, de 1866 à 1877, il en avait été tué 232. On voit par ces chiffres que l'espèce est en voie de décroissance rapide.

Il existe une variété à pelage noir (*Canis lycaon* Schr.) dont un individu a été tué en 1889 dans les bois des environs de Chevagnes (1). Cette variété, dit M. R. Mar-

(1) Voir *Revue scient. du Bourb. et du Centre de la France*, t. III, 1890, p. 20.

tin (1), n'est pas très rare dans la France centrale, et on ne prend guère de portée de louveteaux dans l'Indre sans que, sur cinq ou six petits, il y en ait au moins un presque noir.

Les primes pour la destruction des loups, fixées par la loi du 4 août 1882, sont de 100 francs par tête de loup ou de louve non pleine, 150 francs par tête de louve pleine, 40 francs par tête de louveteau ; est considéré comme louveteau l'animal dont le poids est inférieur à 8 kilogrammes.

Les louveteaux très jeunes ressemblent absolument aux petits renards et on ne peut les reconnaître qu'à l'inspection de la queue, entièrement noire chez les premiers, et portant chez les seconds, à son extrémité, une touffe de poils blancs.

45. — **C. vulpes** L. *Renard*.

Commun dans tous les bois de la plaine et de la montagne, où il habite dans des terriers qu'il creuse lui-même ou dans des fissures de rochers ou des cavernes qu'il utilise ét approprie pour sa demeure.

Beaucoup plus petit que le loup, le renard a la queue plus longue et plus touffue, ordinairement terminée par un bouquet de poils blancs. Il a la tête plus large et son museau, brusquement rétréci, est plus long et plus pointu. C'est un terrible destructeur de gibier et de volaille. Il mange aussi des mulots, des reptiles, des poissons, des insectes, carabes, sauterelles, courtilières, même des larves de hannetons ou vers blancs, qu'il sait très bien découvrir et déterrer dans les localités où il s'en trouve.

La couleur de son pelage est très variable. On appelle *renards charbonniers* (*C. alopex* L.) les individus d'un roux foncé, à pattes et extrémité de la queue, noirs ; chez le *renard argenté*, les poils du dessus du corps sont blancs à l'extrémité, le ventre et la poitrine blanchâtres,

---

(1) *Vertébrés sauvages du département de l'Indre*, p. 61.

ainsi que le bout de la queue ; le *renard doré* a le dessus du corps, ainsi que les pattes, d'un roux vif. Ces variations sont également répandues et elles existent chez les individus d'une même portée. Elles n'ont, du reste, rien de fixe et on trouve souvent des sujets qui participent de la coloration des unes et des autres : ventre blanc et pattes noires, dos roux foncé et pattes rouges, etc... Plus rarement, on rencontre des renards noirs, ou presque entièrement blancs, ou mouchetés de blanchâtre et de fauve, ou ayant une raie noire sur le dos traversée par une autre sur les épaules (*C. crucigera* BRISS.), ou à ventre et poitrine noirs, tout en conservant le bout de la queue blanc (*C. melanogaster* BONAP.).

Le Chien (*Canis familiaris* L.) ne se trouve plus nulle part à l'état réellement sauvage. Il est de temps immémorial le compagnon volontaire de l'homme, son allié à la chasse, son auxiliaire pour sa défense et la garde de ses troupeaux. Il offre une foule de races qui, se croisant entre elles, produisent des variétés à l'infini, qu'il est presque impossible de caractériser. La plupart existent dans le département : chiens de bergers, mâtins, danois, terriers, caniches, carlins ne sont pas rares ; on y voit un grand nombre d'équipages de chasse composés soit de chiens de pures races françaises (*vendéens, poitevins, normands, saintongeois*, etc., *bassets* à jambes droites et torses), soit de pur sang anglais (*fox hounds, harriers, beagles*), soit de sujets provenant du croisement de ces derniers avec nos diverses races indigènes (*bâtards* vendéens, normands, saintongeois, etc.) ; on y trouve même quelques représentants de la race de griffons spéciaux pour la chasse de la loutre (*otter hounds*), ainsi que tous les types de chiens d'arrêt français (*braques, Saint-Germain, épagneuls, griffons*) et anglais (*pointers, setters*).

Le Bourbonnais a en outre donné son nom à une race particulière de chien d'arrêt : le *braque sans queue du Bourbonnais*, qui est décrit ainsi qu'il suit, par M. de Coninck, dans son bel ouvrage des races françaises de chiens d'arrêt :

Tête : carrée et cassée, front développé et large, museau assez long, babines un peu tombantes. *Oreilles* : de moyenne longueur, plantées plus haut que chez le vieux braque français, et formant bien l'angle avant de tomber. *Œil* : brun ou jaune. *Nez* : brun. *Cou* : court et fort avec peu de fanons. *Epaule* : oblique, musculeuse.

Poitrine : large et profonde, le coude atteignant le bas du corsage. *Côtes :* arrondies. *Rein :* court et solide. *Pattes :* fortes et nerveuses, cuisse bien gigotée. *Pied :* rond. *Fouet :* à l'état de rudiment attaché haut. *Couleur :* blanc et marron clair, ou fauve moucheté de petites taches de même couleur, réparties uniformément sur tout le corps, avec peu ou pas de grandes taches. *Poil :* court, demi-fin. *Taille :* 55 à 60 pour les mâles, 50 à 55 pour les femelles. *Apparence générale :* chien de moyenne grandeur, trapu et vigoureux (1).

Ordre V. — PACHYDERMES

Les Pachydermes représentés en Afrique et en Asie par les plus grands mammifères terrestres connus, l'éléphant, l'hippopotame, le rhinocéros ne comptent plus en Europe qu'une seule espèce vivant encore à l'état sauvage. Mais dans les temps géologiques, d'énormes animaux de cet ordre parcouraient notre continent : les nombreux débris fossiles que l'on découvre dans les dépôts tertiaires et quaternaires attestent leurs formes étranges et leurs tailles gigantesques (*Dinotherium, Anthracotherium, Mastodonte, Mammouth*, etc.).

Les Pachydermes ont une dentition complète. Ils se divisent dans notre région en deux groupes, d'après la forme des pieds : les Suidés à pieds bifurqués et les Solipèdes.

TABLEAU DES GENRES

Pied fendu appuyant sur le sol par deux doigs. **Sus.**
Un seul doigt ou sabot à chaque pied. . . . . . **Equus.**

SUS L.

46. — **Sus scrofa** L. *Sanglier, Sanglar.*
Le sanglier, qui a été très abondant dans l'Allier il y a vingt-cinq ans, se rencontre encore aujourd'hui, mais en petit nombre, dans toutes les forêts et les grands bois.

---

(1) Voir *Rev. scient. du Bourb. et du Centre de la Fr.* T. VII, 1894, p. 163, pl. II, le portrait d'un beau sujet de cette race qui a été primé à l'exposition canine de Paris de 1894.

C'est, du reste, un voyageur qui abandonne tout d'un coup une région pour y revenir en nombre quelques années plus tard. On en voit à pelage d'un blanc argenté et d'un roux cuivreux. Le sanglier est omnivore : il se nourrit de racines, fruits, céréales, œufs, lapereaux, vers, escargots, reptiles et même vipères, qu'il dévore sans être incommodé par leurs morsures.

L'origine du Porc ou Cochon (*Sus domesticus* Briss.) n'est pas clairement établie. Les uns disent que ce n'est qu'un Sanglier domestiqué, d'autres le font descendre d'une espèce asiatique (*Sus indicus*) ou prétendent qu'il a constitué de tout temps une espèce distincte ne se trouvant plus actuellement à l'état sauvage. Il est toutefois certain que la truie produit avec le sanglier des métis qui se rapprochent de ce dernier par leurs allures et leur peu d'aptitude à engraisser. Ces métis ne sont pas rares dans les bandes de cochons qui vont au pacage dans les bois peuplés de sangliers. Quoiqu'il en soit, le porc est élevé en grand nombre dans le département de l'Allier et est l'objet d'un commerce important. On y trouve des animaux des principales races françaises et anglaises pures ou croisées entr'elles. Le mâle qui sert d'étalon est appelé *verrat* ou *vrat*; la femelle, *coche, gamelle, truie portière* ; les jeunes non sevrés sont des *cochons de lait*, des *gorets*, des *porcelets* ; après le sevrage jusqu'à la mise à l'engrais ils prennent le nom de *nourrins*. Un porc suffisamment gras et prêt à tuer est un *lard*, un *petit salé*.

Comme le sanglier, le cochon jouit du privilège de dévorer impunément les vipères et cette aptitude l'a souvent fait employer en Amérique et dans nos colonies pour débarrasser les environs des habitations des reptiles venimeux. C'est ainsi que les colons de certaines parties de la provinces d'Oran dont les propriétés étaient infestées d'une vipère très dangereuse, l'*Echidna mauritanica*, sont parvenus à restreindre considérablement le nombre de ces hôtes incommodes en abandonnant leurs terres au parcours de nombreuses bandes de porcs (1).

La race chevaline par l'adjonction du sang anglais s'est beaucoup perfectionnée dans le département, mais on n'obtient pas encore toute l'amélioration désirable à cause du choix souvent peu judicieux des juments destinées à la reproduction. L'élevage du

---

(1) *Herpétologie algérienne*, par Ernest Olivier, p. 29.

cheval de pur sang se fait avantageusement aux haras de Saint-George et de Paray, dont les produits paraissent avec succès sur les hippodromes.

Le Grand Prix de Paris que se disputent chaque année les meilleurs *racers* du monde a été gagné deux fois par des chevaux nés et élevés dans l'Allier, Frontin et Little-Duck.

Le département fournit aussi aux champs de courses un contingent important de trotteurs. L'écurie des Prats, entr'autres, est justement renommée et rivalise avec les meilleures de la Normandie.

Le cheval (*Equus caballus* L. ou var.) existait déjà en grand nombre en France dans les temps préhistoriques. Il constituait la principale nourriture des hommes quaternaires qui le chassaient pour le manger, abandonnant ses ossements à proximité de leurs demeures. Ces débris ont formé dans certaines stations des accumulations considérables : à Solutré (Saône-et-Loire), par exemple, ils atteignent une épaisseur de trois mètres et s'étendent sur près de cent mètres de longueur. On estime qu'il s'y trouve les squelettes de plus de 20.000 chevaux.

L'âne (*Equus asinus* L.), vulg. *bourri*, *bourrique*, est très répandu dans le département et rend les plus grands services à la petite culture. Il est originaire de la région du Haut Nil et de l'Arabie. Domestiqué depuis longtemps en Orient, il n'a été introduit en France que sous le règne de Philippe V (1316-1322).

Le métis de l'âne et de la jument, le *mulet*, est très peu employé. On ne l'élève pas et on n'en compte dans le département qu'un très petit nombre.

Ordre VI. — RUMINANTS

Les Ruminants sont tous herbivores. Ils n'ont point d'incisives à la mâchoire supérieure, les canines sont petites et manquent souvent, les molaires sont grosses et à couronne. Ils sont pourvus de quatre estomacs : les aliments, après avoir séjourné quelque temps dans une première cavité stomachale, remontent dans la bouche pour y subir une mastication plus complète avant de passer dans les portions suivantes du tube digestif ; c'est ce phénomène qui constitue l'acte de la *rumination*.

TABLEAU DES GENRES

1. Tête munie, chez le mâle, de cornes appelées *bois*, non soudées avec le crâne et qui tombent chaque année pour se renouveler . . . . **Cervus.**

   Cornes soudées avec le crâne, non caduques et persistant sans se renouveler durant toute la vie de l'animal 2

2. Cornes lisses, unies . . . . **Bos.**

   Cornes avec des reliefs saillants 3

3. Cornes dressées verticalement, corps couvert de poils plus ou moins longs et touffus . . . . **Capra.**

   Cornes enroulées en spirale, s'allongeant horizontalement, corps couvert de laine . . . . **Ovis.**

CERVUS L.

1. Bois arrondis dans toute leur longueur. 2

   Bois arrondis seulement à la base, s'aplatissant à l'extrémité

   dama.

2. Taille grande ; queue à peu près de la longueur de l oreille

   elaphus.

   Taille relativement petite ; queue nulle ou à peu près. *capreolus.*

47. — Cervus capreolus L. *Chevreuil.*

Le Chevreuil habite tous les bois et forêts du département. Il est chassé à courre partout et on en prend chaque année un grand nombre. Aussi les chasseurs sont obligés de repeupler presque tous les printemps leurs territoires de chasse par des animaux panneautés dans d'autres forêts de France, en Touraine et dans les Ardennes principalement.

Son pelage brun en hiver prend une teinte rousse en été. Le mâle se nomme *brocard* et la femelle *chèvre.*

— Cervus elaphus L. *Cerf.*

Le nom de ce magnifique animal n'éveille plus chez nous que des souvenirs et des regrets.

En 1864, la société de chasse « Rallie-Bourbonnais » obtint de l'administration de la Vénerie impériale la cession de 20 biches et de 4 cerfs qui furent panneautés dans la forêt de Saint-Germain et amenés en voiture au Rond Gardien de la forêt de Tronçais où ils furent rendus à la liberté. La forêt domaniale de Tronçais, située dans le Nord-Ouest du département de l'Allier couvre une superficie de 10,436 hectares d'un seul tènement et est voisine ou attenante à d'autres forêts de l'État et à des massifs importants de bois particuliers. En dépit de quelques meurtres commis par des braconniers ou des chasseurs indélicats, le peuplement réussit à merveille et les cerfs devinrent assez nombreux pour entretenir les chasses d'un équipage spécial qui fut monté en 1877. Mais le bail de la chasse finissait en 1881 et dans une idée malsaine d'inintelligente démocratie, l'administration des forêts décida de former trois lots de la forêt de Tronçais. Les enchères montèrent à plus de 30,000 francs, mais les lots furent adjugés à des sociétés rivales, qui ne voulurent pas s'entendre pour le droit de suite, de sorte que la chasse à courre étant devenue impossible, les cerfs et les biches furent tués à coups de fusil devant deux ou trois bassets ; la destruction marcha grand train et, en 1890, à la fin du bail, il ne restait plus en forêt aucun animal d'aucun âge ; les chevreuils aussi avaient subi le même sort. C'est alors que l'administration s'aperçut trop tard de sa faute dont elle subit le résultat au point de vue pécuniaire. Malgré trois mises aux enchères successives, la nouvelle ferme ne put trouver preneur et c'est, grâce à quelques compagnies de sangliers qui avaient survécu qu'elle put être donnée à l'amiable, moyennant 10,000 francs, à un propriétaire de vautrait.

Le Cerf existe encore dans les départements voisins de la Nièvre, du Cher et de l'Indre.

Le Daim (*Cervus dama* L.) ne se trouve plus que dans le parc d'Orvalet. A plusieurs reprises on en a lâché quelques individus dans les forêts voisines de Moulins, mais ils ne s'y sont jamais reproduits et ont été promptement détruits.

Les Bœufs sauvages (*Bos taurus* L.) qui sont la souche de l'espèce domestique habitaient autrefois les épaisses forêts de la Gaule et de la Germanie. Il n'en existe plus actuellement qu'un troupeau à demi-sauvage soigneusement conservé dans le parc de Chillingham, en Ecosse.

Le Bison d'Europe (*Bison europæus*), l'*Urus* de Jules Cæsar, est considéré aussi comme un ancêtre du bœuf actuel. A l'époque où le conquérant des Gaules (1) écrivait ses commentaires, cet animal vivait en grand nombre dans la vaste forêt d'Hercynie qui couvrait

(1) C. *Julii Cæsaris commentariorum de Bello Gallico* Lib. VI.

presque toute la Germanie. Aujourd'hui, on n'en trouve plus de représentants que dans la forêt de Bialowicza, en Lithuanie et dans celle d'Atzikhow, dans le Caucase.

Les bœufs sont employés dans le département à tous les travaux de l'agriculture qui retire, en outre, de leur élevage un de ses principaux produits. A l'âge de 5 ou 6 ans, ils sont vendus, soit directement aux bouchers, soit aux propriétaires de prés d'*embouche* qui complètent leur engraissement. La race qui domine généralement est la *Charolaise*, parfois avec plus ou moins de sang *Durham*.

La race ovine est représentée par de nombreux troupeaux composés de moutons de races anglaises ou françaises pures, ou croisées entr'elles.

La Chèvre est peu répandue ; on ne l'élève pas en grand et on n'en trouve que quelques individus appartenant à de petits propriétaires, principalement dans l'arrondissement de Montluçon. Aux environs de Montmarault, on fabrique avec le lait de chèvre, un fromage estimé, appelé *roujadoux* ou *chevrotin*.

La Chèvre (*Capra hircus* L.) et la Brebis (*Capra ovis* L.) telles que nous les connaissons aujourd'hui, n'existent plus nulle part à l'état sauvage, mais beaucoup d'espèces voisines vivent encore dans les Alpes et dans les montagnes du Caucase et de l'Asie. Il est probable que les types domestiques actuels sont le produit d'une longue suite d'hybridations et de croisements successifs.

MAMMIFÈRES FOSSILES

Il n'entre pas dans notre plan de nous occuper de la Faune paléontologique. Nous nous contenterons de signaler à la fin de chaque classe, les principaux ouvrages qui traitent des animaux de cette classe dont les restes ont été découverts en Bourbonnais dans les couches géologiques.

Pomel. — Catalogue méthodique et descriptif des Vertébrés fossiles découverts dans le bassin hydrographique supérieur de la Loire et surtout dans la vallée de son affluent principal, l'Allier. Paris, 1853, 1 vol. in-8°.

Alb. Poirrier. — Mémoire sur la géologie et la paléontologie de la partie nord-est du département de l'Allier *Ass. scient. du Bourbonnais*, 1867).

Bailleau. Grotte des fées de Châtelperron (*Soc. Em. Allier*, 1869).

H. Filhol. — Etude des mammifères fossiles de Saint-Gerand-le-Puy (Allier, Paris, 1879, 2 vol. gr. in-8° avec 50 planches.

H. de Brinon. — Liste des fossiles du département de l'Allier qui figurent au musée de Lyon (*Soc. Em. Allier*, 1887).

A. Gaudry. — Sur l'Anthracotherium découvert à Saint-Menoux (Allier) (*Rev. scient. du Bourb. et du Centre de la France*, 1889, avec planche).

Classe II. — OISEAUX

Sang chaud, peau couverte de plumes, un bec corné dépourvu de dents ; ovipares.

TABLEAU DES ORDRES

1. Trois doigts en avant. **2**
   Deux doigts en avant . . . .   **II. GRIMPEURS.**

2. Les trois doigts antérieurs réunis par une membrane entière ou lobée qui sert à la natation.
   VII. PALMIPÈDES.

   Doigts antérieurs non réunis par une membrane, ou parfois seulement l'externe et le médian. . . .   **3**

3. Tarses forts, doigts puissants armés d'ongles longs, crochus et rétractiles ; bec fortement crochu et garni à la base d'une membrane nommée cire.   **I. RAPACES.**

   Tarses grêles, ongles courts et peu ou point rétractiles ; bec droit ou parfois à extrémité légèrement recourbée, mais point de cire **4**

4. Tarses très longs, grêles et minces ; bec cylindrique long et mince ; doigts externe et médian parfois réunis par une petite membrane.   **VI. ÉCHASSIERS.**

   Tarses moyens ; bec coniforme se rétrécissant vers l'extrémité ; doigts jamais palmés.
   III. PASSEREAUX.

   Tarses moyens, présentant parfois chez les mâles un ergot ou éperon ; bec court à mandibule supérieure très convexe. **5**

5. Bec corné dans toute sa longueur ; jeunes, courant dès leur naissance et cherchant de suite leur nourriture . . . .   **V. GALLINACÉS.**

   Bec mou à la base, corné seulement à l'extrémité ; jeunes, naissant aveugles et restant longtemps dans le nid . . . .   **IV. COLUMBIDÈS.**

Ordre I. — **RAPACES.**

Les Rapaces ou Oiseaux de proie se nourrissent de la chair des autres animaux et tiennent, parmi les oiseaux, la place qu'occupent les Carnivores chez les Mammifères.

La plupart sont puissamment organisés pour le vol : on les voit tantôt planant lentement dans l'air, à des hauteurs considérables, tantôt filant rapidement le long des haies et au-dessus des moissons. Certaines espèces sédentaires passent toute l'année dans notre région ; d'autres arrivent au printemps et repartent en automne, poursuivant les bandes de ramiers dont ils font leur proie ; quelques autres, enfin, n'apparaissent que dans les hivers très froids et ne s'écartent pas des bords glacés de nos rivières, donnant la chasse aux troupes de canards et de cygnes que la rigueur de la température nous amène des pays septentrionaux et qui entraînent avec eux ces redoutables ennemis.

Les femelles sont généralement plus grandes que les mâles et, souvent, d'une couleur très différente. Les jeunes portent une livrée tout autre que celle de leurs parents et ils n'acquièrent guère leur plumage définitif qu'après leur première année. Aussi, la nomenclature de ces oiseaux a été longtemps dans une confusion extrême : les deux sexes et les jeunes recevaient des noms différents, comme s'ils étaient distincts spécifiquement.

Suivant la position des yeux, les Rapaces se divisent naturellement en deux sections, les Diurnes et les Nocturnes. Les premiers peuvent être considérés comme tous nuisibles. Ils détruisent une quantité considérable de gibier, de volailles, de petits oiseaux insectivores, et leurs ravages ne peuvent être compensés par la chasse qu'ils font, à l'occasion, aux campagnols et autres petits rongeurs.

Mais il n'en est pas de même des Nocturnes, qui rendent aux agriculteurs les plus grands services et doivent être sérieusement protégés, au lieu d'être impitoyablement massacrés, comme ils le sont généralement partout. Leur nourriture consiste, en effet, à peu près exclusivement en rats, souris, campagnols, mulots et autres rongeurs, et ils en font une consommation prodigieuse. Il y a lieu, toutefois, de faire une exception pour le Grand-Duc, qui détruit autant de gibier que le plus nuisible des Diurnes (1).

TABLEAU DES GENRES

Yeux placés sur les côtés de la tête, doigts toujours nus, diurnes . . . . *DIURNES.*

Yeux dirigés en avant, doigts plus ou moins vêtus de poils ou de plumes, nocturnes . . . *NOCTURNES.*

Rapaces diurnes.

1. Tête et cou plus ou moins nus, ou seulement garnis de duvet. . . . . **Vultur.**

   Tête et cou emplumés 2

2. Bec presque droit à la base, courbé seulement vers la pointe 3

   Bec courbé à partir de la base 5

3. Tarses totalement emplumés . . . . **Aquila.**

   Tarses à demi-emplumés. 4

4. Ongles cannelés en dessous ; ventre et plumes des tarses bruns ; grande taille. . . . . **Haliœtus.**

---

(1) Les Rapaces avalent leur proie sans rien en trier, de sorte que les os, les poils, les plumes arrivent dans leur estomac. Là, la chair est digérée et le reste, aggluatiné en forme de pelotes ovales, est rejeté par le bec. On trouve, dans ces pelotes, les os très bien nettoyés des animaux dont ils se sont nourris : les crânes sont très bien conservés et permetent de reconnaître les espèces. Les Nocturnes rejettent ces pelotes au fond des arbres creux, où ils viennent passer la journée après leur chasse de la nuit. J'en ai examiné plusieurs centaines : j'y ai trouvé, en quantité considérable, des crânes de souris, de campagnols, de mulots, de musaraignes, très rarement de taupes, une seule fois des débris du squelette d'une chauve-souris et, une seule fois aussi, le crâne d'un petit oiseau, paraissant être celui d'une mésange.

Ongles arrondis en dessus et en dessous ; ventre et plumes des tarses blancs ; taille bien moindre.

Pandion.

5 Une dent à la mandibule supérieure. **6**

Mandibule supérieure à bord droit, parfois légèrement sinué, mais sans dent **7**

6. Dent de la mandibule supérieure élargie, s'appliquant au milieu de la mandibule inférieure. . . **Astur.**

Dent de la mandibule supérieure conique, s'appliquant à la pointe de la mandibule inférieure. . . **Falco.**

7. Queue fourchue. . . . . **Milvus.**

Queue tronquée **8**

8. Tarses courts et trapus **9**

Tarses longs et grêles . . . . **Circus.**

9. Tarses nus ; base du bec garnie de poils sétiformes. **10**

Tarses emplumés dans leur moitié supérieure ; base du bec garnie de petites plumes serrées et appliquées. . . . . **Pernis.**

Tarses emplumés jusqu'aux doigts . . **Archibuteo.**

10. Plumes de la queue ornées en dessous de 6-14 bandes brunes transversales . . . . **Buteo.**

Plumes du dessous de la queue n'offrant que 3 bandes brunes transversales. . . . . **Circaetus.**

Rapaces nocturnes.

1. Une aigrette de plumes au sommet de la tête, audessus et en arrière des yeux. **2**
Tête sans aigrette de plumes. . . . . **Strix.**

2. Doigts emplumés jusqu'aux ongles ; très grande taille.

Bulbo.

Doigts emplumés jusqu'à la base des dernières phalanges ; taille moyenne . . . . **Otus.**

Doigts à peu près nus ; très petite taille. . . **Scops.**

VULTUR L.

1. — Vultur monachus L. *Vautour moine, Vautour arrian.*

Un individu mâle de cette espèce a été pris vivant et en bonne santé, au mois de juin 1893, dans les environs d'Arfeuilles. Un autre, probablement la femelle, qui l'accompagnait, a échappé aux chasseurs et n'a pas reparu. (Voir *Revue scient. du Bourb. et du Centre de la France,* t. VI, 1893, p. 170.)

Le vautour moine habite les Pyrénées, et ce n'est que tout à fait accidentellement qu'il peut s'égarer jusque dans notre région.

D'après Givois (*Rev. scient. du Bourb. et du Centre de la France,* t. II, 1889., p 199), qui ne cite ce fait qu'avec réserves, une bande de sept Gypaètes (*Gypaëtus barbatus,* Cuv.) serait venue s'abattre, en octobre 1877, sur le champ de manœuvres de Gravanches, près de Clermont-Ferrand. A Vertaizon, vers 1885, toujours suivant le même observateur, un Gypaète, qui se montrait depuis plusieurs jours dans la localité, fut assommé par des paysans avant d'avoir pu s'envoler. Je ne connais pas de captures de cet oiseau dans les limites du département de l'Allier.

AQUILA Briss.

Plumage uniformément d'un brun fauve . . . . *fulva.*
Ventre et devant du cou d'un blanc pur . . . . *pennata.*

2. — Aquila fulva L. *Aigle fauve, Aigle royal.*

Habite les localités inaccessibles des Alpes ; apparaît accidentellement dans le Centre de la France.

Un individu a été tué, en janvier 1893, à Marcigny-sur-Loire (Saône-et-Loire) ; un autre, à la même époque, dans la Nièvre, à Fourchambault. (Voir *Rev. scient. du Bourb. et du Centre de la France,* t. VI, 1893, p. 64.)

Je n'ai connaissance, dans le département de l'Allier, que d'une seule capture de cet oiseau, également dans la vallée de la Loire, à Chassenard, en février 1895 : cet aigle était établi depuis deux mois dans cette localité, où il se nourrissait de gibier, surtout de lièvres.

3. — **A. pennata** Briss. *Aigle botté.*

Se trouve, par couples isolés, dans presque toutes nos forêts, où il niche au sommet des plus grands arbres : forêts de Mulnay, de Bagnolet (de Chavigny), de Lespinasse, de Soulongis (Villatte des Prugnes), de Dreuille.

HALIŒTUS Savig.

4. — **Haliœtus albicilla** L. *Pygargue, Aigle de mer, Orfraie.*

Le plumage du Pygargue offre de grandes variations avant d'arriver à l'état adulte, et, à certain âge, il ressemble beaucoup à celui de l'Aigle fauve. Durant les hivers rigoureux, cet oiseau n'est pas bien rare aux bords de la Loire et de l'Allier, où il arrive à la suite des bandes de cygnes et de canards, dont il fait sa proie. On en tue presque tous les ans aux environs de Vichy.

PANDION Savig.

5. — **Pandion haliœtus** L. *Balbuzard, Aigle pêcheur.*

Pas bien rare en été sur l'Allier et la Loire, d'où il s'écarte pour aller à la pêche sur les grands étangs. Cet oiseau fait une très forte consommation de poissons, même assez gros, dont il sait s'emparer avec beaucoup d'habileté. Un individu tué à Châtel-de-Neuvre avait dans l'estomac les débris d'un *garbot (Squalius cephalus)* qui devait peser un kilogramme. Il ne dédaigne pas, non plus, les canards et autres oiseaux d'eau.

CIRCAETUS Vieill.

6. — **Circaetus gallicus** Vieill. *Aigle Jean le Blanc.*

Niche dans les grandes forêts, sur les plus hauts arbres. Est rare aux environs de Moulins (forêts de Bagnolet, de Moladier, de Boisplan) et plus commun dans la région montagneuse (Marcillat, Laprugne). Cet oiseau se nourrit surtout de reptiles, et la femelle ne pond qu'un seul œuf. J'en ai tué un couple dans la forêt de Moladier : le mâle avait une vipère dans l'estomac et la femelle deux petites couleuvres (*Coronella lœvis*).

MILVUS Cuv.

Plumage fauve varié de noir et de blanchâtre. Queue profondément échancrée . . . . *regalis.*
Plumage brun de poix. Queue moins échancrée. . . . . *niger.*

7. — **Milvus regalis** Briss. *Milan royal.*

Même dans les plus hautes régions où il aime à planer, le Milan royal se reconnaît toujours à la profonde échancrure de sa queue. Cet oiseau est de passage dans notre région ; il arrive au mois d'avril et niche sur les arbres des futaies des grandes forêts. Il est assez répandu.

8. — **M. niger** Briss. *Milan noir.*

De passage au printemps, rare : dans les forêts et grands bois, forêts de Mulnay (de Chavigny), de Lespinasse (Villatte des Prugnes) ; M. Wattebled m'a dit en avoir trouvé un nid sur un arbre de la forêt de Moladier ; un individu pris au piège, près Bessay, en mai 1895.

BUTEO Cuv.

9. — **Buteo vulgaris** L. *Buse, Meneu de rangs.*

La Buse, sédentaire dans notre région, est un des Rapaces les plus communs. On la trouve dans toutes les forêts, où elle établit son nid dans une enfourchure de branches au sommet des plus grands arbres. La coloration de son plumage est très variable : tantôt entièrement brun, ou avec les parties inférieures blanchâtres flamméchées de brun, ou complètement blanc en dessous avec le dessus varié de brun et de blanc ; une variété albinos, à yeux roses, à ongles décolorés à la base, se rencontre plus rarement.

Dans les journées orageuses de l'été et de l'automne, les Buses se réunissent en bandes et s'élèvent en l'air à une grande hauteur, où elles décrivent en criant de larges cercles concentriques ; elles semblent ainsi annoncer l'orage, et cette habitude leur a fait donner, par les paysans, le nom de *meneux de rangs*.

Cet oiseau se nourrit de petits rongeurs, d'oiseaux, de reptiles, d'insectes, de vers de terre et aussi de charognes.

PERNIS

10. — Pernis apivorus Cuv. *Bondrée*.

La Bondrée a une physionomie particulière due aux petites plumes courtes et serrées qui garnissent la base du bec et les paupières. Sa nourriture de prédilection consiste en larves de guêpes et d'abeilles, et aussi de petits mammifères et de poussins qu'elle vient prendre aux environs des habitations. Elle habite les grands bois, où elle est assez rare : Marcillat (Cte de Durat), Mulnay (de Chavigny), Tronçais, Soulongis, Lespinasse (Villatte des Prugnes), Broût-Vernet (Vte du Buysson). Moladier. Un individu pris au piège dans le parc des Bordes, près Moulins, avait le gésier rempli de larves de guêpes.

ARCHIBUTEO

11. — Archibuteo lagopus Brehm. *Buse pattue*.

Ainsi nommée en raison de ses tarses emplumés jusqu'aux doigts. Rare et de passage irrégulier. Plusieurs individus ont été pris au piège dans le parc des Bordes (Cte de Chavagnac), Broût-Vernet (du Buysson).

ASTUR

Dessous du corps rayé de taches brunes uniformément transversales. Quatre bandes transversales brunes sur la queue. Taille plus grande. . . . . *palumbarius*.
Dessous du corps rayé de brun roux, longitudinalement sous la gorge, transversalement sur les autres parties. . . . . *nisus*.

12. — Astur palumbarius Bechs. *Autour*.

L'Autour est un adroit chasseur, grand destructeur de gibier, de pigeons, de volailles. On le rencontre également dans les forêts et les plaines, mais il est partout assez rare. Plusieurs pris au piège dans le parc des Bordes (Cᵗᵉ de Chavagnac) ; j'en ai tué en plaine près Chemilly, en septembre, un mâle adulte.

13. — A. nisus L. *Accipiter nisus* Keys. *Epervier.*

Sédentaire et très commun. Fait une chasse acharnée aux petits oiseaux, alouettes, moineaux, etc. Parfois, il suit les chiens d'arrêt qui battent la plaine et s'empare des cailles qui partent avant que le chasseur ait pu les tirer ; souvent il vole à côté des locomotives et s'élance sur les petits oiseaux qui, effrayés par le passage du train, s'enfuient des haies qui bordent la voie. La femelle est remarquablement plus grosse que le mâle.

FALCO

1. Pattes et base du bec rouges . . . . *vespertinus.*
   Pattes et base du bec fauves. 2
2. Plumes tibiales et souscaudales blanches marquées de taches noires transversales ou lancéolées. . . . . *peregrinus.*
   Plumes tibiales et souscaudales rousses avec des taches oblongues brunes. *lithofalco.*
   Plumes tibiales et souscaudales unicolores sans taches . . . 3
3. Plumes tibiales et souscaudales d'un roux vif, manteau d'un noir cendré. . . . . *sulbuteo.*
   Plumes tibiales et souscaudales d'un blanc roussâtre, manteau roux taché de noir . . . . *tinnunculus.*

14. — Falco peregrinus Briss. *Falco communis* Gmel. *Faucon pèlerin.*

C'est l'espèce célèbre qui a donné son nom au genre de chasse où l'on emploie les oiseaux de proie. Peu commun : les Bordes, Chazeuil (Cᵗᵉ de Chavagnac), Broût-Vernet (Vᵗᵉ du Buysson), Chazemais (Villatte des Prugnes). A habité longtemps les rochers des bords de la Sioule à Neuvialle, mais il en a complètement disparu depuis la construction du chemin de fer de Gannat à Montluçon (Lamotte).

15. — F. subbuteo L. *Hobereau.*

Assez commun dans l'Allier, où il demeure toute l'année et où il fréquente surtout les grandes plaines, établissant son nid sur les peupliers ou autres arbres élevés. Il a les mêmes mœurs que l'épervier et est tout aussi hardi, suivant, comme lui, les chasseurs et les trains de chemins de fer pour s'emparer des oiseaux qu'ils font envoler. Il visite, en outre, les étangs, où, comme l'a constaté M. R. Martin, il recherche les libellules, dont il fait une grande consommation.

16. — F. lithofalco GM. *Emerillon.*

C'est le plus petit des oiseaux de proie de notre département, où il est peu répandu. Il chasse, dans les plaines et le long des haies, les petits oiseaux.

17. — F. tinnunculus L. *Cresserelle.*

Très commun dans les bois, les plaines, le voisinage des habitations. Fait son nid dans des trous de vieilles murailles, des clochers, des châteaux en ruines et utilise parfois d'anciens nids de pie. Se nourrit de petits oiseaux, de lézards et surtout, durant la belle saison, d'insectes coléoptères et orthoptères.

18. — F. vespertinus L. *Faucon kobez, Faucon à pieds rouges.*

Ce petit Faucon est très rare. Je n'en ai jamais vu, dans notre région, qu'un seul, près de Chemilly ; en volant, il est passé assez près de moi pour que j'aie pu le reconnaître. M. le Cte de Chavagnac le signale à Villeneuve.

Les *Falco subbuteo, lithofalco, tinnunculus* et l'*Astur nisus*, sont confondus vulgairement sous les noms d'*émouchet, tiercelet, fauchet.*

CIRCUS LACÉP.

1. Brun, plus ou moins varié de roux . . . . *æruginosus.*
   Bleu cendré avec l'extrémité des grandes plumes de l'aile noire 2
2. Ventre tout blanc . . . . *cyaneus.*
   Ventre marqué longitudinalement de taches rousses linéaires.
   cineraceus.

Ces trois espèces, surtout les femelles, sont assez difficiles à reconnaître entre elles, tellement leur plumage varie d'après l'âge et la saison. Le tableau précédent ne s'applique qu'aux mâles ; les femelles sont toutes d'un brun fauve plus ou moins maculé en dessous de jaune blanchâtre. On ne peut les distinguer sûrement que par les proportions comparatives des grandes plumes des ailes.

19. — Circus œruginosus Sav. *Circus rufus* Gmel. *Busard harpaye.*

Cet oiseau fréquente surtout les grands marais. Aussi, on ne le rencontre, dans notre département, qu'aux bords de l'Allier et de la Loire, où il est assez commun et où on le voit fréquemment planer à la recherche d'une proie. Quoiqu'il soit sédentaire, dit M. Givois, il paraît plus commun en été qu'en hiver ; il est souvent à la remorque des bandes de mouettes qui pêchent sur l'Allier et qui lui abandonnent quelquefois leur butin. Il s'empare des petits canards et autres petits oiseaux de basse-cour, ainsi que des cailles et des jeunes perdreaux.

20. — C. cyaneus L. *Busard Saint-Martin.*

Parcourt les plaines d'un vol lent et peu élevé, explorant minutieusement le terrain. C'est un destructeur émérite de gibier et de petits oiseaux. Assez commun.

21. — C. cineraceus Neum. *Busard Montagu, Busard cendré.*

D'après M. Martin, cet oiseau dévore volontiers les orthoptères (grillons, sauterelles) que dédaigne le *C. cyaneus.* Mais il attaque aussi les jeunes oiseaux et les poussins, pille les nids et est un braconnier aussi dangereux que ses congénères. Il est commun dans le département. Il fait son nid par terre dans les bruyères des éclaircies des taillis. Pendant l'incubation, le mâle pourvoit à la nourriture de la femelle. M. R. Villatte des Prugnes a été témoin de cette scène de ménage. « J'arrivais, m'écrit cet observateur, près du nid d'un Busard cendré que je connaissais dans le bois du Déla (commune de Nassigny), quand j'entendis en l'air des cris d'oiseau de proie, que je reconnus être poussés par un Busard cendré mâle qui tenait une proie dans ses serres. Presque au même moment, la femelle quittait son nid et s'envolait vers le mâle. Celui-ci, la voyant venir, lâcha sa proie, qu'elle saisit au passage entre ses serres, et elle redescendit à terre, près de son nid, pour la manger. »

Le *Circus Swainsonii* Sm. *C. pallidus* Temm. peut être rencontré de passage accidentel dans le département ; mais, jusqu'à présent, je n'en connais aucune capture dans nos limites.

STRIX

Tarses et doigts fortement emplumés . . . . *aluco*.
Tarses et doigts couverts de plumes sétiformes, clairsemées sur les doigts. . . . . *minor*.
Doigts nus ou simplement garnis de poils épars . . . *flammea*.

22. — Strix aluco L. *Syrnium aluco* Brehm. *Hulotte, Chat-Huant* (1).

Commun dans tous les bois et les pays garnis de vieux arbres, où on l'entend, le soir et pendant les nuits, pousser son cri étrange.

23. — S. minor Briss. *Strix passerina* Bechst. *Chouette. Chevêche. Chaviche.*

Très commune partout, la Chouette se nourrit de petits rongeurs, de vers et de larves d'insectes, dont elle détruit une quantité considérable. Elle rend les plus grands services aux agriculteurs. C'est l'oiseau dont on imite le cri dans les pipées. Pendant les hivers rigoureux

---

(1) Les étymologistes disent que le nom *chat-huant* signifie *chat criard* ou *hurlant* et qu'il a été donné à cet oiseau à cause de sa voix lugubre, de sa tête semblable à celle du chat et parce qu'il se nourrit de souris comme le chat. En réalité, *chat-huant* dérive de *cavannus*, nom latin qui désignait cet oiseau et qui vient lui-même de *cavamen*, caverne, excavation naturelle, habitat de prédilection des rapaces nocturnes.

et lorsque la neige persiste longtemps, les Chouettes, ne pouvant plus se procurer leur nourriture, périssent en grand nombre.

Le *Strix Tengalmi* Gm., à peu près de la taille de la Chouette, pourra se rencontrer dans notre région. On le reconnaîtra à ses doigts aussi fortement emplumés que les tarses et à son oreille beaucoup plus grande.

24. — S. flammea L. *Effraie.*

Bien reconnaissable à son plumage fauve piqueté de noir, l'Effraie habite les vieux bâtiments, les greniers, les granges, où elle fait une chasse active aux rats et aux souris. On la trouve aussi dans les bois. Très commune.

BUBO Cuv.

25. — Bubo maximus Flemm. *Strix bubo* L. *Grand Duc.*

C'est le plus grand des Rapaces nocturnes français. Il n'est pas rare dans les hautes montagnes d'Auvergne (Givois). Dans notre département, on ne le rencontre guère qu'accidentellement; mais on peut en citer çà et là d'assez nombreuses captures : Marcillat, Montluçon, Montmarault, Souvigny, Neuvialle, Lapalisse, Les Bordes, près Moulins. L'individu tué dans cette dernière localité y avait élu domicile depuis quelque temps et se nourrissait de canards, qu'il venait le soir prendre sur la pièce d'eau, et de lapins.

Il est très possible que le Grand Duc se reproduise dans les forêts du Montoncel et de la Madeleine.

OTUS Cuv.

Aigrettes du sommet de la tête courtes, plumes de la queue coupées, à leur côté interne, par quatre bandes espacées   *brachyotus.*

Aigrettes du sommet de la tête bien développées ; plumes de la queue coupées à leur côté interne par huit ou dix bandes   *vulgaris.*

26. — Otus brachyotus Gm. *Strix brachyotus* Gm. *Hibou brachyote.*

De passage régulier. En automne, on le trouve communément à terre, dans les taillis, ou, en plaine, dans les fossés, les champs de genêts, etc. Il semble moins commun à son passage de printemps.

27. — **Otus vulgaris** Flemm. *Strix otus* L. *Hibou, Moyen Duc.*

Commun dans les bois, les forêts ; l'hiver, il se rapproche des lieux habités. Niche dans des trous d'arbre ou dans les vieux nids abandonnés d'autres oiseaux.

SCOPS Sav.

28. — **Scops Aldrovandi** Will. *Strix scops* L. *Scops, Petit Duc.*

Le Scops vient passer chez nous la belle saison. Il niche dans les trous des murs. les creux des vieux arbres. Il n'est pas rare, et on peut le voir le soir voler sans bruit autour des arbres, le long des haies, au bord des ruisseaux, cherchant les insectes crépusculaires, dont il fait sa principale nourriture.

Ordre II. — GRIMPEURS.

Les Grimpeurs ou Zygodactyles, qui sont souvent réunis aux Passereaux, sont bien caractérisés par la forme de leurs pieds, dont deux doigts sont dirigés en avant et deux en arrière. Ils se nourrissent d'insectes et sont, par conséquent, au nombre des oiseaux utiles, bien que les Pics puissent être accusés parfois de hâter la mort des arbres déjà malades, par les trous qu'ils font dans les branches et le tronc pour y aménager leur nid ou simplement pour y chercher les larves dont ils sont friands. Mais ils ne s'attaquent jamais aux arbres absolument sains, attendu que ceux-ci sont trop durs à creuser et qu'ils ne contiennent aucun insecte. La femelle du Coucou ne fait pas de nid et a la singulière habitude de déposer son œuf dans celui d'un petit passereau qui se charge de le couver et d'élever le jeune oiseau qui en sort. Les Pics sont sédentaires ; le Coucou et le Torcol passent seulement la belle saison dans notre région.

TABLEAU DES GENRES

1. Bec légèrement arqué. . . . . **Cuculus.**
   Bec conique et droit. **2**
2. Plumes de la queue courtes et raides. . . . . **Picus.**
   Plumes de la queue longues et molles. . . . **Yunx.**

PICUS L.

1. — Plumage entièrement noir, tête rouge. . . . . *martius.*
   Plumage varié de noir et de blanc 2
   Plumage en majeure partie d'un gris vert olive. 4
2. — Dessous de la queue sans tache rouge. . . . . *minor.*
   Dessous de la queue rouge. 3
3. — Flancs d'un blanc sale sans taches ; tête noire avec une
     plaque occipitale rouge ♂ . . . . *major.*
   Flancs flamméchés de brun, tête rouge . . . . . . *medius.*
4. — Tête et occiput rouges ; plumage plus vert. . . . . *viridis.*
   Le front seulement rouge ; plumage plus gris. . . *canus.*

29. — **Picus martius** L. *Pic noir.*

Presque de la taille d'une corneille. D'un noir profond, avec la tête d'un beau rouge et l'abdomen nuancé de roussâtre dans les très vieux sujets.

Dans les forêts de sapin du Montoncel et de la Madeleine, où il se reproduit, mais où il n'est pas commun. Un individu égaré a été tué dans le parc du Riau, près Villeneuve (de Chavigny).

30. — **P. major** L. *Pic épeiche.*

Dans les bois, les vergers. Commun.

31. — **P. medius** L. *Pic mar.*

Diffère du précédent par ses flancs roses rayés de brun foncé ; aussi commun que lui ; se rapproche davantage des habitations.

32. — **P. minor** L. *Epeichette.*

Le plus petit du genre. Dans les parcs, les vergers, les bois. Commun.

33. — **P. viridis** L. *Gecinus viridis* Boie *Pic vert, Pivert.*

Très commun. Dans les bois, les vergers, les plantations de peupliers au bord des rivières. Cet oiseau vole rapidement en décrivant de larges ondulations et en

poussant un cri sonore qui ressemble à un bruyant rica-
nement. Il se nourrit de toutes sortes d'insectes et on
le voit souvent dans les prairies faisant la chasse aux
fourmis.

34. — P. canus Gm. *Gecinus canus* Boie. *Pic cendré.*

Ce Pic vit dans les bois et a les mêmes mœurs que le
précédent, mais il est beaucoup moins répandu. Il doit
exister dans le département, bien que je n'aie jamais vu
de sujets en provenant.

YUNX L.

35. - Yunx torquilla L. *Torcol, Ortolan, Vivibre, Aspic.*

Le Torcol arrive en avril et niche ordinairement dans
les trous des arbres fruitiers. C'est un oiseau taciturne
et presque toujours solitaire. Il est assez commun et on
le rencontre souvent par terre cherchant des fourmis et
autres insectes. Il s'envole pour se poser à peu de distance sur la branche basse d'un arbre, où il ne remue
plus, se contentant de tordre lentement sa tête et son
cou en différents sens. En automne, il est très gras et
constitue un manger délicat, d'où le nom d'*ortolan* que
lui donnent les chasseurs. Quand la femelle couve, elle
se dérange difficilement, même si on frappe sur l'arbre
dans l'intérieur duquel elle se trouve. Elle pousse alors un
sifflement analogue à celui des serpents. C'est à ce sifflement et aux mouvements ondulatoires qu'il exécute avec
son cou et qui imitent l'allure des reptiles que le Torcol
doit le nom d'*aspic*, sous lequel le désignent les habitants
des campagnes. Ils ont de cet oiseau inoffensif la plus
grande terreur et le considèrent comme très dangereux.

CUCULUS L.

36. — Cuculus canorus L. *Coucou.*

Le Coucou a la tête, le cou, la poitrine et les parties
supérieures du corps d'un cendré bleuâtre, plus foncé
sur les ailes ; la queue est noire, avec des taches blanches

à l'extrémité et le long des barbes internes. La femelle a les parties supérieures rousses, avec des bandes transversales noirâtres imitant le plumage de la bécasse.

Cet oiseau est très commun dans notre département, surtout dans les forêts et les régions boisées. Il arrive dès les premiers jours d'avril et fait entendre aussitôt son chant caractéristique. D'après les calculs de M. de Rocquigny-Adanson, établis sur 38 années d'observations, la date moyenne du retour du Coucou dans le département de l'Allier doit être fixée au 2 avril. (*Rev. scient. du Bourb. et du Centre de la Fr.*, t. VIII, 1895, p. 15.)

A la fin de juin, il cesse de chanter et, au mois d'août, on ne voit plus que quelques jeunes, dont le départ a été retardé par leur naissance tardive.

On sait que la femelle du Coucou ne couve pas. Elle dépose ses œufs, un par nid, parmi ceux des petits passereaux qui se chargent de l'incubation et de l'élevage du jeune qui en sort. Mais la mère ne reste pas, comme on le croyait, indifférente au résultat de sa ponte. Les observations récentes de M. X. Raspail démontrent qu'elle surveille attentivement l'incubation de son œuf, et, quand les œufs des étrangers auxquels elle l'a confié sont prêts à éclore, elle les casse et les rejette hors du nid, afin que le sien continue à être couvé jusqu'à son éclosion et que, une fois éclos, le jeune coucou soit seul à profiter de l'activité que mettent ses parents adoptifs à lui procurer sa nourriture. Il grandit, du reste, rapidement et est en état de sortir du nid au bout de dix-neuf jours.

Ces observations démentent la croyance, admise jusqu'à ce jour, que c'était le jeune coucou qui se débarrassait lui-même de ses frères adoptifs ; car, pendant plus de vingt-quatre heures après sa naissance, il est si faible qu'à peine peut-il faire quelques mouvements au fond du nid. On comprend aussi pourquoi le coucou mère dépose indifféremment son œuf à côté d'œufs frais ou couvés, puisqu'il surveille les œufs légitimes pour en empêcher l'éclosion. Si l'on a rencontré quelquefois des nids où le jeune coucou n'était pas seul, c'est que le coucou mère avait été accidentellement détruit avant l'éclosion de son œuf.

Le Coucou se nourrit presque exclusivement de chenilles.

Ordre III. — PASSEREAUX

L'ordre des Passereaux renferme une foule d'oiseaux de mœurs différentes et de formes variées. Il a été séparé bien souvent en plusieurs groupes, mais aucune des divisions proposées jusqu'à ce jour ne donne des résultats satisfaisants.

Les Passereaux sont, en majorité, de taille moyenne ou petite. Les uns sont sédentaires et habitent toute l'année nos champs et nos bois ; d'autres ne nous visitent que pendant la belle saison et nous quittent à l'approche des frimas. Les premiers vivent à la fois de graines et d'insectes ; les autres sont purement insectivores et font la chasse pendant tout l'été à des myriades d'insectes incommodes ou malfaisants dont ils restreignent la multiplication, se faisant ainsi les défenseurs de nos jardins et de nos moissons. Les grandes espèces, corneilles, pies, etc., s'attaquent aux jeunes des autres oiseaux et même des petits mammifères et se rendent nuisibles au gibier et à la volaille.

C'est dans les Passereaux que sont classés les Oiseaux de Paradis, les Colibris et les Oiseaux-Mouches.

D'après la forme des pieds, nous divisons cet ordre en trois grands groupes :

Trois doigts en avant, un en arrière ; le médian en général étroitement uni à l'externe jusqu'à la troisième articulation et à l'interne jusqu'à la première.

Syndactyles.

Trois doigts en avant, un en arrière, le médian uni à l'externe seulement jusqu'à la première articulation.

Déodactyles.

Trois doigts antérieurs entièrement divisés.

Anomodactyles.

Passereaux Syndactiles.

CORACIAS L.

37. — Coracias garrula L. *Rollier, Geai bleu.*

Ce bel oiseau, très commun dans le nord de l'Afrique, ne paraît dans notre département que bien rarement et tout à fait accidentellement. Je n'en connais qu'une seule capture faite à Vallon-en-Sully, par M. Villatte des Prugnes.

MERIOPS L.

38. — Meriops apiaster L. *Guêpier, Chasseur d'Afrique.*

Je n'ai jamais vu le Guêpier dans le département de l'Allier, et, si je le mentionne, c'est parce qu'il se montre accidentellement çà et là dans toute la France et qu'on peut très bien le rencontrer dans nos limites. C'est un joli oiseau, brillamment coloré, qui vit en bandes nombreuses, fendant l'air en tous sens d'un vol rapide et poussant constamment une sorte de cri de rappel. Il est très répandu en Algérie pendant l'été et se nourrit d'insectes, surtout d'Hyménoptères (guêpes, abeilles, etc.).

Au mois de mai 1881, j'ai observé une bande de ces oiseaux qui a séjourné quelque temps sur le territoire de la commune de Couternon (Côte-d'Or).

ALCEDO L.

39. — Alcedo ispida L. *Martin-Pêcheur.*

Commun au bord des rivières, des ruisseaux, des étangs, dont il ne s'écarte jamais, le Martin-Pêcheur vole très rapidement en ligne droite et à peu de hauteur. Il se nourrit d'insectes aquatiques et de tout petits poissons. Il niche au fond d'un trou qu'il creuse lui-même dans les berges ou dans des terriers abandonnés par les rats d'eau. C'est un joli oiseau dont la présence anime nos cours d'eau et qui, en s'emparant de quelque menu fretin, ne commet qu'un dommage tout à fait insignifiant. Aussi je ne m'explique pas pourquoi certains préfets, celui du

Doubs notamment, le comprennent dans la liste des oiseaux nuisibles que l'on peut détruire en tout temps au moyen de pièges.

Passereaux Déodactyles

SITTA L.

40. — Sitta cœsia Mey. et Wolff. *Sittelle, Torche-Pot.*

Cet oiseau se tient constamment sur les arbres, dont il parcourt les branches en tous sens. Ses habitudes le rapprochent des Pics. Comme eux, il est exclusivement insectivore et niche dans des trous d'arbre. Il est très commun dans toutes les forêts et les régions boisées.

CERTHIA L.

41. — Certhia brachydactyla Brehm. *Grimpereau.*

Ce petit oiseau visite continuellement les troncs et les branches d'arbres, sur lesquels il circule avec une agilité extraordinaire, recherchant les insectes, mouches, araignées qui se trouvent dans les gerçures des écorces. Il est très commun partout, jusque dans les villes, sur les arbres des squares et des boulevards.

TICHODROMA Illig.

42. — Tichodroma muraria L. *T. phœnicoptera* Temm. *Tichodrome échelette, Grimpereau de muraille, Papillon de rochers.*

Cet oiseau est un habitant des hautes montagnes, des Alpes et des Pyrénées. Il vole en battant les ailes, à la façon de la Huppe, le long des parois de rochers, qu'il visite constamment pour y chercher les araignées, dont il fait sa principale nourriture. Durant les hivers rigoureux, il descend dans des contrées plus basses, et l'on en voit, de temps en temps, dans notre région, quelques individus papillonnant sur les grands murs et les édifices. Le 12 janvier 1891, deux ont été tués au faubourg de la Madeleine à Moulins. Le 7 janvier 1895, j'en ai observé un qui a passé toute la journée sur la chapelle du lycée à Moulins, et, à la fin de février de la même année, j'en ai vu un autre volant autour des flèches de la cathédrale. Mais, dès que le temps devient moins rigoureux, cet oiseau retourne dans ses montagnes, et il niche très rarement chez nous. Cependant, dans l'été de 1882, un couple s'était établi dans un trou du mur de la prison à Moulins et un autre dans le clocher d'Ygrande. En Auvergne, il se reproduit plus fréquemment.

UPUPA L.

43. — Upupa epops. *Huppe vulgaire, Pupu.*

La Huppe arrive chaque année dans notre département dès le milieu de mars et repart en septembre et octobre. Elle est commune et fréquente, de préférence, les routes poudreuses, les terres incultes, les grèves des rivières. Elle niche dans les arbres, dans des trous creusés par les Pics et dont elle garnit le fond d'un amas d'excréments de chien. Les jeunes, m'écrit M. du Buysson, dès qu'on fait mine de les saisir, relèvent complètement l'anus en l'air et projettent leurs déjections à plus de vingt centimètres.

La Huppe est exclusivement insectivore.

CORVUS L.

1. — Plumage entièrement noir n'ayant que des reflets lustrés.   2
Plumage n'étant pas entièrement noir 4
2. — Bec beaucoup plus long que la tête ; taille atteignant 67 centimètres. . . . . *corax.*
Bec pas plus ou à peine plus long que la tête ; taille plus petite . . . , ... 3
3. — Bec toujours emplumé à la base . . . . *corone.*
Bec nu à la base chez les adultes . . . . *frugilegus.*
4. — Tête, ailes et queue noires, le reste du plumage cendré.

                                     cornix.

Tout noir, sauf l'occiput et le dessus du cou cendrés ; plus petit . . . . *monedula.*

44. — Corvus corax L. *Corbeau, Grand Corbeau.*

Le Corbeau, dont la taille atteint 67 centimètres, est le plus grand des Passereaux européens ; il est très rare dans le département de l'Allier. D'après Lamotte, plusieurs couples ont habité longtemps les rochers des bords de la Sioule à Neuvialle ; mais, depuis la construction du chemin de fer de Gannat à Montluçon, ils ont disparu de cette localité et on n'en a plus revu que rarement dans les rochers de la Vernue.

45. — C. corone L. *Corneille.*

Bec emplumé jusqu'à la base. Cet oiseau est sédentaire et commun dans l'Allier. En hiver, il vit avec les bandes de Freux et se sépare, par couples, dès le mois de mars, pour s'occuper de sa reproduction. Les petits éclosent de bonne heure. Cette année, le 20 avril, j'ai trouvé un nid contenant des jeunes déjà forts. La Corneille vit de proie et fait de grands ravages dans les basses-cours de son voisinage ; elle détruit des couvées entières de poussins, de poulets, oies, canards, qu'elle vient prendre les uns après les autres pour les porter à ses petits. Elle s'empare également des perdreaux, des jeunes levrauts et lapereaux. C'est un voisin dangereux à proscrire impitoyablement.

46. — C. cornix L. *Corneille grise, Corneille mantelée.*

Tête, ailes et queue noires, le reste du plumage cendré. De passage, en petit nombre, en automne et au printemps, avec les bandes de Freux, surtout à proximité des rivières ; ne niche pas dans notre région.

47. — C. frugilegus L. *Freux, Coualle, Agraule, Corbeau.*

Base du bec et devant du front dénués de plumes et garnis d'une membrane cornée.

Les Freux arrivent en bandes nombreuses, dans les premiers jours de novembre, séjournent quelque temps et continuent leur route vers le Midi. Mais il en reste toujours un grand nombre tout l'hiver. Au printemps, les bandes repassent et tous repartent pour les pays du Nord. Ils ne nichent jamais dans le département.

Les Freux ne sont pas essentiellement carnassiers, comme les espèces précédentes. En automne, ils se répandent dans les champs ensemencés et y font une destruction considérable de vers blancs et autres larves d'insectes. Malheureusement, en fouillant le sol avec leur bec robuste, ils ébranlent les jeunes plants de blé, qui en ressentent un certain dommage, surtout si la saison est sèche. Mais, généralement, en novembre, le temps est humide, ou pluvieux, et le sol miné s'appuie assez promptement pour que les radicelles n'aient pas à souffrir. Aussi, j'estime que l'on a tort de s'acharner à la poursuite et à l'extermination de ces oiseaux. Quand bien même ils supprimeraient quelques plants de blé, soit en les déracinant, soit même en mangeant la semence, ils compensent largement ces méfaits, toujours légers, par l'immense consommation qu'ils font de courtilières, de vers blancs et autres larves nuisibles. Dans les pays infestés de hannetons, ils mériteraient plutôt d'être protégés, car leur présence est le seul moyen réellement efficace de restreindre la multiplication de ces parasites. Il est à remarquer, du reste, qu'ils ne visitent guère les champs ni les prairies indemnes de ces ravageurs souterrains et que les fouilles qu'ils pratiquent sont d'autant plus complètes et profondes qu'ils rencontrent un plus grand nombre de vers blancs.

On trouve çà et là des sujets avec quelques plumes blanches. J'en ai remarqué un, il y a plusieurs années, qui a passé tout l'hiver aux environs de Chemilly et dont une aile entière était blanche.

48. — C. monedula L. *Choucas, Petit Corbeau.*

Le Choucas est de passage en automne, par bandes nombreuses qui voyagent avec les Freux. Il revient au printemps isolément ou par couples, mais ne s'arrête pas et ne se reproduit pas dans le département. Au mois d'avril, on en observe chaque année sur la cathédrale de Moulins un couple ou deux qui y passent quelques jours, mais n'y nichent jamais.

Cet oiseau est abondant toute l'année à Paris, sur les grands monuments, notamment sur l'Opéra.

NUCIFRAGA Briss.

49. — Nucifraga caryocatactes L. *Casse-Noix.*

Très rare et de passage accidentel. M. Duchet, de Montluçon, en possède dans sa collection quatre individus tués dans la forêt de Tronçais. En novembre 1894, j'en ai poursuivi un dans la forêt de Moladier sans pouvoir l'atteindre. Un autre a été tué aux environs immédiats de Moulins.

PICA Briss.

50. — Pica caudata L. *Pie, Margot, Agasse.*

Sédentaire et très commune partout, la Pie, toujours en mouvement et d'une grande activité, s'empare des petits perdreaux, des jeunes lapereaux, levrauts et oiseaux de basse-cour; elle mange aussi beaucoup de hannetons et autres insectes. Elle construit de bonne heure un nid très volumineux composé de bûchettes entrelacées, avec un fond de terre gâchée, qu'elle place ordinairement au sommet des plus grands arbres, mais parfois aussi à peu de hauteur dans les buissons épais ou les haies touffues.

On en rencontre des individus presque tout blancs.

GARRULUS Briss.

51. — Garrulus glandarius L. *Geai.*

Très commun partout. A la fin de septembre et en octobre, les Geais circulent beaucoup et ont la singulière habitude, à cette époque, de porter un gland dans leur bec. Ils finissent par le laisser tomber; le gland germe, et c'est ainsi que l'on trouve des jeunes chênes, souvent en grand nombre, dans des endroits où n'existe aucun de ces arbres qui aurait pu servir de porte-graines.

Le Geai est sujet à l'albinisme. Il en existe un exemplaire tout blanc au musée de Moulins.

LANIUS L.

1. — Queue très longue étagée. . . . . *excubitor.*
    Queue moyenne non étagée, presque carrée ou légèrement
      arrondie. 2
2. — Tête d'un beau roux. . . . . *rufus.*
    Tête non rousse. 3
3. — Point de miroir sur l'aile . . . . *collurio.*
    Un miroir sur l'aile. . . . . *minor.*

52. — Lanius excubitor L. *Pie-Grièche, Grande Pie-Grièche, Agasse bâtarde.*

Cette Pie-Grièche n'est pas très commune chez nous, où elle niche et est sédentaire. On en voit çà et là tout l'hiver des individus isolés. Elle chasse les insectes, les mulots et les petits oiseaux, qu'elle attaque, à la façon des Rapaces, en planant et en se précipitant sur eux.

53. — L. minor Gm. *Pie-Grièche rose.*

Diffère de la précédente par son front noir, sa poitrine et ses flancs roses. Elle est encore plus rare et on ne la voit guère que l'été.

54. — L. rufus Briss. *Pie-Grièche rousse.*

La Pie-Grièche rousse arrive dès les premiers jours d'avril et repart en octobre. Elle est commune et établit son nid dans les haies, les bosquets, sur les arbres des parcs et des avenues. Elle se nourrit d'insectes.

55. — L. collurio L. *Pie-Grièche écorcheur.*

L'Ecorcheur ne passe chez nous que la belle saison. Il est répandu dans les taillis et les régions boisées. Cet oiseau a la singulière habitude d'embrocher aux épines des buissons (épine noire, aubépine) les insectes dont il s'empare. On peut trouver sur certaines haies des collections de bourdons, de bousiers, de hannetons, etc., qu'il a ainsi empalés, soit pour s'amuser, soit pour s'en faire une réserve quand une proie fraîche lui fait défaut.

STURNUS L.

56. — Sturnus vulgaris L. *Etourneau, Sansonnet.*

L'Etourneau est commun dans le département. Il niche au sommet des plus grands arbres. En automne, il se réunit en troupes nombreuses et vit, durant l'hiver, en société des Freux et des Corneilles. Il se nourrit d'insectes, mais il est aussi très friand de fruits, surtout de cerises et de raisins, et commet parfois dans les vignobles de notables dégâts.

Un individu à plumage entièrement blanchâtre est conservé au musée de Moulins.

PASTOR Temm.

57. — Pastor roseus Temm. *Martin-Roselin.*

Très rare et de passage tout à fait accidentel. Je ne peux signaler que la capture d'un seul individu tué aux environs de Moulins, au milieu d'une bande d'étourneaux qu'il accompagnait.

PASSER Briss.

1 . — Queue tachée de blanc à son extrémité, gorge jaune.

petronia.

    Queue uniformément brune, gorge brune   2

3 . — Deux bandes transversales blanches sur l'aile .   *montanus.*

    Une seule bande transversale sur l'aile . . . .   *domesticus.*

58. — Passer petronia Degl.. *Moineau Soulcie.*

Ce moineau est très rare et n'a été observé qu'aux environs du Vernet, par M. du Buysson, qui l'a rencontré en automne, passant en bandes nombreuses.

59. — P. montanus Briss. *Friquet.*

Très commun toute l'année, le Friquet s'approche moins des habitations que le Moineau domestique : il se tient de préférence dans les haies, les saulaies, même les taillis. Son plumage varie accidentellement et peut être plus clair ou plus foncé.

60. — P. domesticus Briss. *Moineau commun, Pierrot.*

Le Moineau est répandu partout où l'homme habite, jusque dans l'intérieur des plus grandes cités. C'est le type du parasite ; à la campagne comme à la ville, il vit partout à nos dépens. Essentiellement granivore, il ne fait la chasse aux insectes que pour subvenir à la nourriture de ses petits ; mais ceux-ci, dès qu'ils ont quitté le nid, se répandent dans les champs de froment et sur les meules de céréales et ne recherchent plus qu'accidentellement les insectes. Le moineau établit son nid dans les conditions les plus diverses : sous les tuiles des maisons, dans les crevasses des murs, les sculptures des portes et fenêtres des monuments, sur des branches d'arbres, dans des nids d'hirondelles dont il s'empare fréquemment, etc. Très prolifique, il fait jusqu'à cinq pontes par an.

Il présente de nombreuses variétés de couleur. On en trouve de tout blancs, de tout noirs, des roux, des bariolés de blanc et de noir.

Une race bien fixée, *P. hispaniolensis* Degl., dont les flancs sont flamméchés de noir et la bande de l'aile rayée de noir, est extrèmement répandue dans toute l'Algérie du nord, où elle remplace le type *domesticus.*

PYRRHULA Briss.

61. — Pyrrhula vulgaris Temm. *Bouvreuil.*

Le Bouvreuil n'est pas rare au printemps et à l'automne et l'on en trouve même quelques couples tout l'hiver. Mais il ne niche pas habituellement dans notre région. Il cause un certain dommage en mangeant les boutons à fleurs des arbres fruitiers. La femelle est privée de la brillante coloration rouge de minium qui orne le dessous du corps du mâle.

LOXIA Briss.

62. — Loxia curvirostra L. *Bec-Croisé.*

Cet oiseau est de passage irrégulier au printemps et en automne, surtout dans les localités plantées de conifères.

On reste souvent plusieurs années sans en voir, puis on en rencontre des bandes nombreuses. Le Bec-Croisé est friand des galles formées sur les rameaux des épicéas par l'*Adelges abietis* ; il les ouvre toutes, probablement pour manger les œufs ou les larves de ce puceron.

COCCOTHRAUSTES Briss.

63. — Coccothraustes vulgaris Vieill. *Gros-Bec, Pinson d'Auvergne.*

Commun toute l'année, le Gros-Bec se reproduit dans notre département. Il habite les forêts, les parcs, les vergers. Avec son bec robuste, il casse les noyaux de cerises pour manger l'amande ; il recherche surtout les fruits de Sainte-Lucie (*Prunus mahaleb*), et l'on est toujours certain de le rencontrer dans les parcs où cet arbuste est planté. En hiver et au printemps, il se nourrit de bourgeons de différents arbres.

FRINGILLA L.

1 . — Ongle du pouce plus long que ce doigt ; ailes très longues.
                nivalis.
 Ongle du pouce plus court que ce doigt ; ailes moyennes. 2
2 . — Deux ou trois des pennes latérales de la queue tachées de
  blanc à l'extrémité . . . . *cælebs.*
 Pennes latérales de la queue tachées de jaune. . . *chloris.*
 Pennes de la queue noires, sans taches. . *montifringilla.*

64. — Fringilla nivalis Brehm. *Niverolle, Pinson des neiges.*

Habitant les hauts sommets des Alpes et des Pyrénées, cet oiseau apparaît quelquefois chez nous pendant les hivers rigoureux. En décembre 1879, M. Wattebled, lieutenant au 16ᵉ chasseurs, en rencontra une petite bande dans les saulaies des bords de l'Allier, à Nomazy, près Moulins, et put en tuer un individu.

65. — F. cœlebs L. *Pinson.*

Le Pinson est connu partout, jusque dans l'intérieur des villes, où il établit souvent son nid sur les arbres des promenades publiques. En hiver, il se réunit en bandes qui circulent beaucoup et émigrent d'un canton à l'autre, ne séjournant que tant qu'elles trouvent suffisamment de graines. Cet oiseau offre de nombreux cas d'albinisme et de décoloration.

66. — **F. chloris** Koch. *Ligurina chloris* Koch. *Verdier.*

Le Verdier niche dans notre région, où il est assez commun. En automne, il se réunit en bandes qui se joignent souvent à celles des Pinsons des Ardennes et circulent çà et là.

67. — **F. montifringilla** L. *Pinson des Ardennes.*

Arrive en automne, en bandes souvent considérables. Quelques individus restent pendant l'hiver, mais ils disparaissent au printemps et ne nichent pas chez nous.

CARDUELIS Briss.

Du rouge dans le plumage. . . . . *elegans.*
Point de rouge dans le plumage. . . . . *spinus.*

68. — **Carduelis elegans** Steph. *Chardonneret.*

Sédentaire et commun dans les bosquets, les jardins, les vergers. Il se nourrit plus particulièrement des graines de chardon, d'artichaut, de laitues, de scorsonères et autres composées. Il vit très bien en volière, même dans une simple cage, et produit des métis avec le Serin des Canaries.

69. — **C. spinus** L. *Tarin.*

Le Tarin est de passage irrégulier en automne. Parfois en bandes, on ne le voit, d'autres années, qu'isolément. Il niche très rarement.

SERINUS Koch.

70. — **Serinus meridionalis** Koch. *Serin méridional, Cini.*

Ce Serin est très rare et de passage accidentel. Broût-Vernet, au printemps (du Buysson).

CANNABINA Brehm.

71. — Cannabina linota Gr. *Linotte.*

Dessus de la tête et poitrine rouges, gorge blanchâtre.

La Linotte est commune dans les champs, les vergers, les vignobles. En automne, elle se réunit en grandes bandes qui émigrent à la recherche des graines.

LINARIA Vieill.

72. — Linaria rufescens Vieill. *Sizerin Cabaret.*

Dessus de la tête et poitrine rouges, gorge noire.

On voit cet oiseau presque chaque année, en automne et en hiver, parmi les bandes de verdiers et de bruants. Mais il est toujours en petit nombre et ne niche jamais.

EMBERIZA L.

Les *Emberiza* ou *Bruants* sont bien caractérisés par leur palais muni d'un tubercule oblong.

1. — Queue unicolore à extrémité seulement des pennes finement bordée de roussâtre . . . . *miliaria.*
   Queue avec plusieurs pennes largement tachées de blanc. 2
2. — Bec rouge en dessus et en dessous. . . . . . . *hortulana.*
   Bec brun ou jaunâtre. 3
3. — Gorge jaune. *citrinella.*
   Gorge blanche . . . . *cia.*
   Gorge noire . . . . *cirlus.*

73. — Emberiza miliaria L. *Bruant Proyer.*

Le Proyer est rare dans notre département. Il n'est signalé que par M. du Buysson, aux environs de Broùt-Vernet, où il le rencontre toute l'année, mais, cependant, la majeure partie émigre en automne.

74. — E. citrinella L. *Bruant jaune, Jaunin.*

Sédentaire et très commun partout.

Le Bruant jaune fait plusieurs nichées par an et il n'est pas rare de trouver au mois de septembre son nid avec des œufs.

75. — C. cirlus L. *Bruant zizi.*

Ce Bruant se trouve assez communément. Il est de passage en été ; mais il en reste quelques individus toute l'année.

76. — E. cia L. *Bruant fou.*

Cet oiseau est rare dans le département de l'Allier ; je ne l'y ai jamais vu ; mais il doit s'y rencontrer accidentellement, comme dans les autres régions du Centre.

77. — E. hortulana L. *Bruant ortolan.*

L'Ortolan, si célèbre dans l'art culinaire, n'apparaît que très rarement et accidentellement dans notre région. Je n'en ai vu qu'un seul individu, que j'ai tué, fin septembre, dans une vigne près de Chemilly.

CYNCHRAMUS Boie

78. — Cynchramus schœniculus L. *Bruant des roseaux.*

Cet oiseau est très commun pendant toute la belle saison : il arrive en avril et repart en automne ; à cette époque, il se réunit en grandes bandes qui circulent toute la journée dans les champs. Il niche près de l'eau, dans les roseaux, les oseraies.

ALAUDA L.

1. — Plumes de la tête allongées, formant une huppe bien accusée ; bec au moins aussi long que la tête . *cristata.*
   Plumes de l'occiput allongées pouvant se relever et simuler une huppe ; bec plus court que la tête. . . . . *arborea.*
   Point de huppe 2
2. — Poitrine et flancs tachetés de brun. . . . . *arvensis.*
   Flancs unicolores ; point de taches sur le milieu de la poitrine
   brachydactyla.

79. — Alauda cristata L. *Alouette huppée, Cochevis.*

Cette Alouette ne se réunit pas en bandes et vit ordinairement par couples. Elle est assez commune et sédentaire ; elle habite les champs dans le voisinage des maisons et à proximité des routes, sur lesquelles elle vient souvent chercher sa nourriture dans le crottin des chevaux.

80. — **A. arvensis** L. *Alouette des champs, Mauviette.*

Très commune dans toutes les plaines et sédentaire. En automne, les Alouettes de la région se réunissent en bandes nombreuses qui se joignent à celles de passage. On en fait alors une grande destruction. C'est à cet oiseau que les pâtés de Pithiviers doivent leur réputation. On en trouve des variétés noires, rousses, isabelles, entièrement blanches ou seulement à ailes blanches.

81. — **A. brachydactyla** Leisl. *Alouette calandrelle.*

Cette Alouette est rare dans le département. Elle n'est signalée qu'à Broût-Vernet (du Buysson) et sur les grèves de l'Allier, près Vichy (Givois).

82. — **A. arborea** L. *Alouette lulu.*

Cette Alouette est la plus petite du genre. C'est la seule aussi qui ait l'habitude de se percher. Elle est sédentaire et commune dans les champs, où les petits de la même nichée vivent en compagnie comme les Perdrix.

ANTHUS Bechst

83. — **Anthus rufescens** Temm. *Agrodoma campestris* Sw. *Rousseline.*

De passage, au printemps et en automne, par petites bandes ou individus isolés. Assez commun dans les grandes plaines, les plateaux arides et pierreux. Cet oiseau se nourrit d'insectes : il ne perche pas.

84. — **A. Richardi** Vieill. *Corydalla Richardi* Vig. *Pitpit de Richard.*

Cet oiseau est peu commun. M. du Buysson le signale de passage à l'automne, par bandes, dans les plaines des environs de Broût-Vernet.

85. — A. arboreus Briss. *Pitpit des arbres, Bec-Figue.*

Les Bec-Figues arrivent à la fin de mars et repartent en novembre. Au mois de septembre, on les trouve très communément dans les vignes, les cultures, les prairies artificielles, où ils se nourrissent de graines de mercuriale, de *Chenopodium*, de *Setaria*. Ils sont alors chargés d'une graisse abondante analogue à celle de la caille et forment un mets succulent.

86. — A. pratensis L. *Pitpit des prés, Farlouse.*

Très commun dans les prés et prairies artificielles. Cet oiseau se chasse et se mange aussi sous le nom de *Bec-Figue,* mais il n'atteint jamais le degré de graisse de l'A. *arboreus* et est beaucoup plus petit.

87. — A. spinoletta L. *Pitpit spioncelle.*

Assez commun çà et là, dans les prairies humides, les landes marécageuses, autour des étangs.

MOTACILLA L.

1. — Du jaune dans le plumage 2
   Point de jaune dans le plumage . . . . *alba.*
2. — Gorge jaune . . . . *flava.*
   Gorge noire. . . . . *sulphurea.*

88. — Motacilla alba L. *Bergeronnette grise, Lavandière.*

On voit cet oiseau très communément et à peu près toute l'année, courant par terre au bord des eaux, dans les terres fraîchement labourées, au milieu des troupeaux. En automne, il se réunit en bandes qui circulent dans les champs ensemencés et émigrent.

89. — M. sulphurea Bechst. *Boarule.*

Cette espèce se rencontre presque toujours isolément. Elle est sédentaire et pas très commune. L'hiver, elle se rapproche des lieux habités et pénètre jusque dans les rues des villes.

90. — M. flava L. *Bergeronnette printanière.*

Arrive en petites bandes en avril et est commune pendant toute la belle saison ; disparaît en octobre.

On pourra rencontrer à l'époque de leur passage, au premier printemps, les variétés **Rayi** Schl., entièrement jaune, et **lugubris** Temm., à dos tout noir.

ORIOLUS L.

91. — Oriolus galbula L. *Loriot.*

Le Loriot arrive dans la première quinzaine d'avril et repart à la fin d'août. Il est commun dans les parcs et sur les arbres au bord des rivières. Pendant tout son séjour, le mâle ne cesse de faire entendre son chant caractéristique. La chair et les os de cet oiseau, surtout quand il est vieux, ont une teinte jaunâtre. Il vit ordinairement de fruits et d'insectes. M. du Buysson en a observé plusieurs couples pêchant dans la Sioule des petits poissons qu'ils saisissaient au vol fort adroitement.

TURDUS L.

92. — Turdus cinclus Lath. *Hydrobata cinclus* Gr. *Cincle, Merle d'eau.*

Cet oiseau n'habite qu'au bord des cours d'eau claire et rapide. Il se submerge complètement et court au fond de l'eau, en remontant le courant, comme s'il était sur la terre sèche. Il est commun dans la partie montagneuse du département, sur le Sichon, la Besbre, le Barbenan et les autres ruisseaux. On le trouve aussi sur le Cher, en amont de Montluçon ; il descend sur la Bouble jusqu'à Chantelle, sur la Sioule jusqu'à Jenzat.

93. — T. merula L. *Merle.*

Le mâle adulte est tout entier d'un noir profond, sans reflets, sauf le bec et le bord des paupières, d'un beau jaune ; la femelle, d'un brun uniforme en dessus, est, en dessous, d'un brun roux tacheté, blanchâtre à la gorge, d'un roux plus vif à la poitrine. Mais il est très sujet à l'albinisme : j'en ai vu de tout blancs, à yeux roses ; d'autres, avec quelques plumes blanches à une aile, sur la tête, sur le dos.

Le Merle habite les parcs, les bosquets, les taillis, les haies épaisses. Il est sédentaire et commun dans le département. C'est un oiseau insectivore par excellence et qui doit être protégé. Il est constamment occupé à fouiller dans la mousse et à retourner les feuilles sèches pour chercher les larves, dont il fait sa principale nourriture. Nichant de très bonne heure, il a souvent des petits dès le mois d'avril, et, à cette saison, où aucun fruit n'est encore mûr, il a fort à faire pour se procurer les insectes que réclame l'appétit de sa progéniture. Il est vrai que, dans les pays de vignobles, à l'époque de la maturité des raisins, les merles se répandent dans les vignes avoisinant les bois et prennent une petite part de la vendange ; mais le léger tort qu'ils peuvent faire alors est largement compensé par les services qu'ils rendent durant toute l'année.

94. — **T. torquatus** L. *Merle à plastron, Merle de Corse.*

Ce Merle est commun, en automne, dans les bois du Montoncel, dans les cantons du Mayet-de-Montagne et de Marcillat et dans la vallée du Cher, au-dessus de Montluçon ; il est beaucoup plus rare dans le reste du département, où on n'en rencontre que quelques individus çà et là, parmi les bandes de Grives, à leur passage d'octobre. Il est plus gros que le Merle noir et porte sur le haut de la poitrine un large plastron blanchâtre.

95. — **T. pilaris** L. *Litorne, Grosse Grive, Tia-Tia.*

Le Litorne apparaît au mois de novembre, en grandes bandes qui séjournent tout l'hiver. Elles repartent au printemps et on n'en voit jamais en été. Pendant leur séjour, elles se nourrissent des fruits d'aubépine et autres arbustes des haies, aussi d'insectes et de vers qu'elles chassent dans les prés et au bord des ruisseaux.

96. — T. viscivorus L. *Draine, Grive de gui.*

La Draine est sédentaire et commune dans les bois, les grands parcs, les régions boisées. Elle vit solitaire ou par couples, sauf à l'automne, où elle se réunit en petites bandes. Elle aime beaucoup le fruit du gui et contribue à propager ce parasite en déposant sur les branches, avec ses excréments, les graines qu'elle a absorbées et que la digestion n'altère pas.

97. — T. iliacus L. *Mauvis, Petite Grive.*

Cet oiseau arrive en grandes bandes dans la seconde quinzaine d'octobre. Il reste alors peu de temps. En revanche, son séjour au printemps est de plus longue durée ; mais il niche très rarement. Il est facile à reconnaître de la Grive de vigne à ses flancs d'un roux orangé vif.

98. — T. musicus L. *Grive de vigne, Grive chanteuse.*

Les Grives arrivent dans les premiers jours d'octobre. Elles sont très communes certaines années. On les trouve dans les vignes, les taillis, les haies épaisses. Il en reste quelques-unes tout l'hiver et elles reparaissent en nombre au commencement de mars.

Quelques couples seulement nichent. C'est un des premiers oiseaux qui font entendre leur chant au retour du printemps.

99. — T. saxatilis L. *Petrocincla saxatilis* Vig. *Merle de roche.*

Cette espèce, qui arrive au printemps, est très rare.

Presque tous les ans, quelques couples viennent nicher dans la vallée du Roc-du-Saint, près Montluçon ; chaque printemps aussi, plusieurs couples établissent leur nid dans les amas de minerais extraits de la mine de Charrier, à Laprugne, et sous les tuiles du bâtiment qui abrite les machines. Ailleurs, on ne trouve cet oiseau que très accidentellement. M. Desbrochers des Loges en rencontra une bande, un jour de septembre, sur les coteaux qui dominent Gannat ; il put s'emparer d'un mâle et d'une femelle, mais n'en revit plus jamais. Une femelle a été tuée aux environs d'Yzeure, près Moulins, et figure dans les collections du Grand-Séminaire.

100. — T. cyaneus L. *Petrocincla cyanea* KEYS. *Merle bleu.*

Le mâle est entièrement d'un bleu foncé. C'est un oiseau du Midi qui n'apparaît que très accidentellement dans notre département. J'en ai vu un seul, tué dans la forêt de Moladier.

RUBECULA BREHM.

101.—Rubecula familiaris BLYTH. *Rouge-Gorge, Ruche.*

Sédentaire et très commun, le Rouge-Gorge chante en toute saison, et, même par la neige et les plus grands froids, il fait entendre sa petite tirade flûtée et mélancolique. Il habite les bois, les haies, les bosquets. Sa nourriture principale consiste en insectes, mais, pendant les hivers rigoureux, il consomme les baies de différents arbustes.

PHILOMELA L.

102. — Philomela luscinia L. *Rossignol.*

Les Rossignols, très communs partout, arrivent dans les premiers jours d'avril et repartent en septembre. C'est le 7 avril, d'après les observations de M. de Rocquigny-Adanson, qui est l'époque normale du retour de cet oiseau dans notre région.

CYANECULA BREHM.

103. — Cyanecula suecica L. *Gorge-Bleue.*

Cet oiseau est rare dans le département. On en trouve çà et là quelques individus à ses passages de printemps et d'automne.

RUTICILLA BREHM.

Front blanc . . . . *phœnicura.*
Front d'un cendré bleuâtre. . . . . *tithys.*

104. — Ruticilla phœnicura L. *Rouge-Queue, Rossignol de murailles.*

Arrive au printemps pour nicher ; est commun tout l'été et repart en automne.

105. — R. tithys Scop. *Rouge-Queue Tithys.*

De passage comme le précédent et aussi commun.

SAXICOLA Bechst.

1. — Plumage en dessus uniformément coloré . . . . *œnanthe.*
   Plumage varié en dessus de taches longitudinales . . . 2
2. — Gorge blanche, queue bicolore . . . . *rubetra.*
   Gorge noire, queue unicolore . . . . *rubicola.*

106. — Saxicola œnanthe L. *Traquet motteux, Cul-Blanc.*

Les Motteux arrivent à la fin de mars ; ils passent l'été en grand nombre dans les landes, les terres labourées et repartent au commencement d'octobre.

107. — S. rubetra L. *Traquet tarier.*

Le Traquet arrive dès le milieu de mars et repart à la fin d'octobre. Il est très commun pendant tout l'été sur les haies, les arbres des routes et des avenues.

108. — S. rubicola L. *Traquet rubicole, Pâtre.*

Ce Traquet est encore plus commun que le précédent et il nous revient plus tôt. Il n'est pas rare d'en voir dès le 1er mars, et il ne repart souvent qu'à la fin de novembre. Il a les mêmes mœurs que le Tarier : comme lui, il est en mouvement toute la journée à la poursuite des insectes, et il aime à se poser sur les plus hautes branches des arbres.

ACCENTOR Bechst.

109. — Accentor modularis L. *Accenteur-Mouchet, Fauvette d'hiver, Traîne-Buisson.*

Cet oiseau est très commun et sédentaire. Il vit dans les buissons, les bois, les haies épaisses. L'hiver, il se rapproche des habitations et fréquente les fagotiers, les amas de bois.

SYLVIA Scop.

Les oiseaux de ce genre sont tous des chanteurs infatigables. Ils viennent au printemps pour nicher et repartent en automne. Ils sont essentiellement insectivores.

110. — Sylvia atricapilla L. *Fauvette à tête noire.*

Arrive dès le milieu de mars et passe toute la belle saison dans les jardins, les parcs, les lisières des bois. Très commune.

111. — S. hortensis L. *Fauvette grise.*

Aussi commune que la précédente. Elle est friande des baies de sureau.

112. — S. curruca Lath. *Curruca garrula* Briss. *Fauvette babillarde.*

Dans les buissons, les haies épaisses. Commune.

113. — S. cinerea Lath. *Curruca cinerea* Briss. *Fauvette grisette.*

Dans les buissons, les bosquets, les champs de colza, les prairies artificielles. Commune.

On pourra rencontrer encore le **Sylvia orphea** Temm., la plus grande espèce du genre. D'après M. E. Martin, elle recherche, à son passage de printemps, les baies de lierre.

HYPOLAIS Brehm.

114. — Hypolaïs icterina Vieill. *Fauvette ictérine.*

Dans les bois, les parcs. Assez commune pendant son séjour en été.

115. — H. polyglotta Vieill. *Fauvette polyglotte.*

Assez commune dans les bois taillis d'avril à septembre.

CALAMOHERPE Boie.

116. — Calamoherpe turdoïdes Boie. *Rousserolle.*

Cet oiseau niche dans les plantes aquatiques sur le bord des rivières, des grands étangs. Il arrive au printemps ; il est rare dans le département et n'est signalé qu'aux environs de Broùt-Vernet par M. du Buysson.

117. — C. arundinacea Boie. *Effarvatte.*

L'Effarvatte a les mœurs de l'espèce précédente et n'est pas plus répandue dans notre région.

CETTIA Bon.

118. — Cettia Cetti Degl. *Bouscarle.*

Les Bouscarles arrivent au printemps et nichent au bord des eaux, dans les prés marécageux. Elles sont peu communes.

LOCUSTELLA Kaup.

119. — Locustella nœvia Degl. *Locustelle.*

Habite le bord des eaux, les taillis et les ronciers fourrés des régions marécageuses ; disparaît de bonne heure.

CALAMODYTA Mey. et Wolf.

120. — Calamodyta phragmitis Bechst. *Phragmite.*

Arrive à la fin d'avril et s'établit au bord des eaux, dans les prairies et les taillis humides. Elle est très commune. En août et septembre, on la trouve en nombre dans les champs de maïs et de topinambours.

TROGLODYTES Vieill.

121. — Troglodytes parvulus Koch. *Troglodyte.*

Sédentaire et très commun dans les bois épais, les buissons fourrés, les jardins, les tas de fagots ; s'introduit, en hiver, dans les caves, les granges, les greniers.

PHYLLOPNEUSTE Mey. et Wolf.

122. — Phyllopneuste trochilus L. *Pouillot fitis.*

Très commun dans les bois, les bosquets, pendant toute la belle saison, cet oiseau arrive dès les premiers jours de mars et fait entendre de suite son chant, qui semble prononcer les syllabes *thuit, thuit, thuit.*

123. — P. rufa Bon.. *Pouillot véloce.*

Arrive comme le précédent dès le mois de mars et se répand dans les bois, les bosquets, où il est commun.

On pourra trouver dans les bois deux autres espèces, les *P. sibilatrix* Brehm et *Bonelli* Bon.

REGULUS Cuv.

124. — Regulus cristatus Charl. *Roitelet.*

Plumes du dessus de la tête d'un beau jaune d'or et relevées en forme de huppe.

Les Roitelets apparaissent en octobre en petites bandes mêlées à celles des Mésanges et parcourent les taillis durant tout l'hiver. Au printemps, ils disparaissent presque tous et ils ne nichent que très rarement.

125. — R. ignicapillus Brehm. *Roitelet triple-bandeau.*

Sur la tête, une bande couleur feu encadrée de deux bandes noires réunies sur le front ; au-dessus et au-dessous des yeux, deux autres petites bandes noires séparées par des bandes blanches.

Cet oiseau est très rare dans notre département. J'en ai vu un seul. tué aux environs de Vichy par M. Givois.

PARUS L.

```
1. — Queue longue très étagée . . . . . . . . . . .        caudatus.
     Queue moyenne non étagée . . . . . . . . . . . . .  2
2. — Dessous du corps en grande partie jaune. . . . . . . .  3
     Dessous du corps n'étant pas jaune . . . . . . . . . .  4
3. — Tête noire . . . . . . . . . . . . . . . . . . .       major.
     Tête bleue . . . . . . . . . . . . . . . . . . . .   cæruleus.
4. — Une huppe.. . . . . . . . . . . . . . . . . . .     cristatus.
     Point de huppe . . . . . . . . . . . . . . . . . . .  5
5. — Une tache sur la nuque et deux bandes sur l'aile blanches. .
                                                             ater.
     Sommet de la tête noir, pas de bandes blanches sur l'aile. .
                                                          communis.
```

126. — Parus caudatus L. *Orites caudatus* Gr., *Mésange à longue queue, Queue-de-Poêle.*

Cette petite Mésange est sédentaire et très commune

partout où se trouvent des haies et des arbres. L'hiver, elle circule constamment en bandes plus ou moins nombreuses.

127. — P. major L. *Charbonnière.*

Sédentaire et très commune partout.

128. — P. ater L. *Mésange noire.*

Se trouve çà et là toute l'année, mais en petit nombre.

129. — P. cœruleus L. *Mésange bleue.*

Sédentaire et très commune.

130. — P. cristatus L. *Mésange huppée.*

Bien reconnaissable aux plumes de sa tête redressées en forme de huppe, cette Mésange n'est pas commune et paraît moins sédentaire que les autres espèces. Elle affectionne les conifères. Forêts de Moladier, de Gros-Bois, Broût-Vernet, vallée du Sichon au-dessus de Cusset.

131. — P. communis Gerbe, *P. palustris* Temm. *Mésange nonnette, Brechioule.*

Sédentaire et très commune partout. La Nonnette, en hiver, détruit une grande quantité de chenilles dont elle s'empare dans leurs nids ou bourses fixés aux branches d'arbres.

AMPELIS L.

132. — Ampelis garrulus L. *Jaseur de Bohême.*

Cet oiseau n'apparaît que très accidentellement dans notre région. Un individu a été tué, il y a plusieurs années, à la fin du mois de décembre, dans les environs de Marcillat, par M. le comte de Durat. Il accompagnait une bande de Litornes et venait avec elles manger les baies d'un sorbier des oiseaux.

MUSCICAPA Briss.

1 . — Bec aussi long que la tête ; poitrine et flancs blancs mouchetés de brun ; ailes sans taches. . . . . *grisola.*
2 . — Bec plus court que la tête, flancs et poitrines blancs non mouchetés, une tache blanche sur l'aile. . . . . . *nigra.*

133. — Muscicapa grisola L. *Butalis grisola* Boie, *Gobe-Mouche gris.*

Arrive en avril et repart en automne. Il se nourrit principalement de diptères et est commun dans les jardins, sur les arbres des routes, des avenues et même des promenades dans l'intérieur des villes.

134. — M. nigra Briss. *Gobe-Mouche noir.*

Commun pendant toute la belle saison, dans les localités boisées. Il est sans cesse en mouvement, et, quand il est posé, il agite ses ailes comme s'il voulait prendre son essor.

On devra trouver dans le département une troisième espèce, le *Gobe-Mouche à collier* (**Muscicapa collaris** Bechst.).

HIRUNDO L.

Tarses et doigts complètement emplumés . . . . *urbica.*
Tarses garnis de quelques plumes seulement à la face postérieure ; doigts nus. . . . . *riparia.*
Tarses et doigts nus . . . . *rustica.*

135. — Hirundo rustica L. *Hirondelle de cheminée.*

C'est l'Hirondelle qui revient la première. D'après les calculs de M. de Rocquigny-Adanson, basés sur les observations faites à Baleine pendant les cinquante dernières années, le 1er avril doit être pris comme date moyenne du retour des premières Hirondelles de cheminée dans le département de l'Allier. Cet oiseau est très commun dans les villes et tous les lieux habités. Il repart dès la fin de septembre, mais, durant tout le mois d'octobre, on voit se succéder, dans une même localité, des bandes d'Hirondelles de passage qui séjournent plus ou moins, d'après l'état du ciel et l'abondance de la nourriture qu'elles rencontrent. Généralement, elles ne restent que quelques heures et disparaissent toutes en même temps. A cette époque, on rencontre aussi, certains jours, dans la campagne, des hirondelles volant rapidement au niveau du sol et en ligne droite dans la direction du Sud ; elles ne sont pas alors en bandes compactes, mais elles passent isolément à assez grands intervalles les unes des autres.

On a signalé parfois des Hirondelles en hiver ; c'est ainsi que, le 12 février 1894, j'en ai observé trois volant au-dessus de l'Allier, près du pont de Moulins, en se dirigeant du côté du Nord. Il était deux heures du soir, il tombait une petite pluie fine et le thermomètre marquait + 9°. Les Hirondelles étant des oiseaux exclusivement insectivores, et aucun insecte ne volant durant les mois d'hiver, ces apparitions, qui sont du reste très rares, demeurent inexplicables.

L'Hirondelle de cheminée est sujette à l'albinisme : on en voit au musée de Moulins un individu tout blanc, à yeux roses, tué près de Decize.

136. — **H**. urbica BOIE. *Hirondelle de fenêtre.*

L'Hirondelle de fenêtre arrive une ou deux semaines environ après la précédente et part aussi un peu plus tard. Elle est également très commune. Elle offre aussi des albinos : dans une nichée de six petits qui s'est élevée dans l'angle d'une fenêtre d'écurie à Chemilly, il y en avait un à plumage entièrement d'un blanc pur, aux pattes, bec et yeux d'un beau rose. Les cinq autres étaient normalement colorés.

137. — **H**. riparia BOIE, *Cotyle riparia* BOIE. *Hirondelle de rivage.*

Cette Hirondelle fréquente les cours d'eau et niche dans des trous dans les berges. Elle est commune sur l'Allier, la Loire, la Sioule, etc. On la trouve aussi en grand nombre dans la région de la base du Montoncel, à Lavoine, Laprugne, la Guillermie, où elle établit son nid entre les pierres qui forment la chaussée des petits réservoirs d'eau servant à l'arrosement des prairies. Elle s'installe également dans les parois des grandes carrières de sable. Dans presque tous ses nids habite un coléoptère de la famille des staphylins, le *Microglossa nidicola* Fairm., qu'on ne rencontre pas ailleurs.

L'Hirondelle de rivage arrive plus tard que les deux autres espèces et repart dès la fin d'août.

Passereaux Anomodactyles

CYPSELUS ILLIG.

138. — Cypselus apus L. *Martinet.*

Les Martinets n'arrivent qu'à la fin d'avril et repartent au commencement d'août. Essentiellement organisés pour le vol, ils n'ont que de très petites pattes qui ne peuvent leur servir à marcher ; aussi leur vie est tout aérienne. Ils nichent en colonies nombreuses dans tous les grands monuments.

CAPRIMULGUS L.

139. — Caprimulgus europœus L. *Engoulevent, Crapaud-Volant, Folle, Tette-Chèvre.*

L'Engoulevent, qui vient passer la belle saison dans notre région, est commun dans les taillis, les vignes, les bruyères, les champs de balais. Il est presque toujours par terre, et, quand il se perche, il se pose sur de grosses branches, dans le sens de leur longueur. Il pond sur la terre nue, dans les clairières des bois.

Avant de terminer l'ordre des Passereaux, nous devons mentionner le *Serin des Canaries* (*Serinus Canarius* Lath.) qui s'élève très communément en volière et même dans une simple cage, où il vit et multiplie très bien. Cet oiseau, importé en Europe au commencement du xve siècle, est devenu cosmopolite, et son plumage, sous l'influence de la domestication, varie à l'infini. Aux expositions qui ont lieu annuellement en Autriche, les *Canaris* sont parfois représentés par sept cents variétés différentes. Ils s'accouplent facilement avec d'autres passereaux français, Chardonnerets, Tarins, etc., et produisent des métis. Originaires des îles Canaries, ils sont loin d'avoir, à l'état sauvage, la belle livrée jaune d'or qu'ils ont acquise en captivité : ils sont d'un gris teinté de jaune verdâtre et ne subissent pas de variations.

Ordre IV. — COLOMBIDÉS

Les Colombidés sont voisins des Gallinacés, mais ils en diffèrent essentiellement par le mode d'alimentation des jeunes, qui naissent presque nus, à peine recouverts d'un léger duvet et qui restent longtemps dans le nid, incapables de prendre eux-mêmes leur nourriture ; tandis que les poussins des Gallinacés courent en sortant de l'œuf et sont aussitôt en état de suivre leur mère à la poursuite des insectes, dont ils savent très bien s'emparer. Les Pigeons ont été connus et domestiqués dès la plus haute antiquité ; on prétend en retrouver l'indication jusque dans la quatrième dynastie égyptienne. Les Perses, les Grecs, les Romains avaient des colombiers très nombreux et très bien tenus. Aussi, cet oiseau a subi de nombreuses modifications et beaucoup de ses variétés, fixées depuis des siècles, sont très différentes les unes des autres et paraissent être de véritables espèces.

Ces variations ont été longuement examinées et discutées par Darwin, dans ses ouvrages sur l'*Origine des espèces* et la *Variation des animaux et des plantes*. Il est probable que tous ces pigeons de types si différents, abandonnés à eux-mêmes et échappant à la sélection des éleveurs, reviendraient rapidement à leur point de départ et reproduiraient les caractères de l'espèce souche, le Biset, dont ils descendent.

Nous n'avons que deux genres de Colombidés, que l'on peut différencier ainsi :

Lames membraneuses qui recouvrent les narines séparées par un sillon profond. . . . . **Columba.**

Lames membraneuses qui recouvrent les narines sans sillon de séparation . . . . **Turtur.**

COLUMBA L.

1. — Croupion blanc. . . . . *livia.*
   Croupion gris cendré ou bleu cendré 2
2. — Aile à bord externe blanc, sans taches noires en dessus. . .
   palumbus.

   Aile à bord externe noir avec deux taches noires en dessus.
   œnas.

140. — Columba palumbus L. *Ramier, Palombe.*

Commun à ses passages de printemps et d'automne, où il circule en grandes bandes. Il recherche les faînes et fréquente les forêts de hêtres, à l'époque de la maturité de leurs fruits. Il en reste chaque année quelques couples qui se reproduisent et font deux nichées ; la seconde, très tardive et consistant généralement en un seul œuf, n'éclot qu'au commencement d'octobre ou dans les derniers jours de septembre.

141. — C. œnas L. *Colombin.*

De passage comme le précédent, mais beaucoup plus rare. Je n'ai jamais constaté sa présence en été.

142. — C. livia Briss. *Biset.*

Le Biset est le pigeon fuyard des colombiers à l'état sauvage. Il est aussi la souche des nombreuses variétés de pigeons de volière. C'est également celui que l'on élève sous le nom de pigeon-voyageur. A l'état libre, il ne niche jamais sur les arbres comme les espèces précédentes : il s'établit dans des trous de rochers, dans les falaises des bords de la mer, où il vit en sociétés nombreuses. Il n'apparaît dans l'Allier que très accidentellement.

TURTUR Selb.

143. — Turtur auritus Ray, *Tourterelle.*

La Tourterelle vient en grand nombre passer en France la belle saison. Elle vit par couples ; mais, à la fin d'août, elle se réunit en bandes qu'on rencontre dans les champs de blé noir, les vignes, les chaumes.

On élève en volière une Tourterelle (*T. risorius* Sws.) d'un blanc ochracé avec un collier noir ; elle est originaire de l'Asie occidentale ; elle se croise avec la Tourterelle de France et produit avec elle des métis stériles.

Ordre V. — GALLINACÉS

Les Gallinacés peuplent nos basses-cours d'espèces acclimatées, et celles qui sont restées sauvages nous fournissent un gibier succulent. A la fin du siècle dernier, Delarbre mentionnait le *Coq de bruyère (Tetrao urogallus* L.) et le Tétras à queue fourchue (*Tetrao tetrix* L.) comme existant en Auvergne, près Olliergues et aux monts Dores. Il y a longtemps qu'ils en ont disparu. Mais maintenant que ces montagnes, naguère dénudées, sont en bonne voie de reboisement, il serait facile de les repeupler de ces magnifiques volatiles. Dans l'Allier, les forêts de sapins du Montoncel leur offrent des conditions favorables d'habitat, et ils n'auraient besoin que d'un peu de protection pour s'y multiplier. La facilité avec laquelle le Faisan se propage doit nous encourager à faire quelques essais pour doter notre région d'un beau gibier de plus, qui y réussirait encore mieux puisqu'il est indigène.

SYRRHAPTES Illig.

144. — **Syrrhaptes paradoxus** Licht. *Syrrhapte paradoxal.*

Le Syrrhapte est un bel oiseau de l'Asie centrale qui se montre tout à fait accidentellement dans le département de l'Allier. A la fin du mois d'août 1888, une femelle a été tuée à Montcoquier, commune de Monétay-sur-Allier ; elle faisait partie d'une compagnie de sept oiseaux que l'on n'a plus revus depuis dans la région.

Le 5 janvier 1889, un mâle adulte isolé fut tué, courant par terre, sur un plateau sablonneux appelé La Carelle, à 1,500 mètres environ de Lurcy-Lévy. A la même époque, M. Villatte des Prugnes vit chez un restaurateur de

Montluçon deux de ces oiseaux, qui avaient été tués aux environs de la ville.

PERDIX Briss.

145. — Perdix rubra Briss. *Perdrix rouge.*

Les Perdrix rouges sont communes dans les bois et les champs, surtout dans les régions incultes et accidentées, où elles sont plus répandues que les Perdrix grises. Elles varient beaucoup pour la taille, probablement d'après les ressources que leur fournit le pays dans lequel elles vivent. Les plus grosses sont fort improprement appelées *Bartavelles* ; ces dernières, qui sont une espèce distincte (*P. Græca* Briss.), se reconnaissent facilement à leurs couleurs moins vives et au large collier noir qu'elles portent en sautoir et qui n'est pas accompagné de mouchetures noires. Delarbre les signale comme existant de son temps en Auvergne ; elles paraissent en avoir disparu depuis longtemps ; on ne les rencontre plus que dans quelques localités du Limousin, dans les Alpes et les Pyrénées.

Le mâle de la Perdrix rouge se distingue de la femelle par un assez gros tubercule qu'il porte au côté interne des tarses. Ce tubercule ne lui vient que pendant sa deuxième année et s'accompagne quelquefois d'un second.

La Perdrix rouge se perche, et il n'est pas rare de voir une compagnie tout entière, quand elle est poursuivie, chercher un refuge dans des arbres feuillus. J'ai vu une Perdrix rouge entièrement blanche qui a été tuée aux environs de Voussac par M. le comte de Saint-Genys.

146. — P. cinerea Bon. *Starna cinerea* Bon. *Perdrix grise.*

La Perdrix grise est très commune et se tient, de préférence, dans les plaines cultivées. Le mâle se reconnaît à une tache couleur marron, en forme de fer à cheval, qu'il porte sur la poitrine. Les pattes sont jaunes chez les jeunes et conservent cette couleur jusqu'au printemps suivant, où elles deviennent grises. On rencontre parfois cette Perdrix avec un plumage complètement isabelle, ou blanc, ou presque noir, ou irrégulièrement taché de blanc ou de roux clair.

La *Perdrix de passage* ou *Roquette* (*P. damascena* Lath.) est une variété plus petite, à doigts plus courts, qui présente, outre des différences de taille, des mœurs assez spéciales. Elle circule en octobre et au commencement de novembre, en compagnies considérables qu'il est très difficile d'approcher. Elle ne fait que passer, et ordinairement on n'en voit plus une seule, si on retourne le lendemain dans la localité où la veille on l'avait trouvée en nombre. Elle est peu commune dans l'Allier. Il y en a, au musée Lecoq, à Clermont-Ferrand, un individu tué par Lamotte, qui m'avait dit rencontrer chaque année plusieurs compagnies de cette Perdrix dans les environs de Veauce.

COTURNIX Mœhr.

147. —, Coturnix communis Bonn. *Caille.*

Les Cailles arrivent dès la fin de mars et repartent au mois d'août si l'année est sèche. Si le temps a été humide, les chaumes et les herbages sont bien garnis d'herbe, et les cailles y séjournent jusqu'en septembre et octobre. Les passages sont très variables : abondants certaines années, ils sont quelquefois nuls ou insignifiants. La grande quantité de Cailles qui est détruite annuellement, sur tout le littoral du Nord de l'Afrique, cause une diminution appréciable dans le nombre de ces oiseaux qui viennent nous visiter.

PHASIANUS L.

148. — Phasianus colchicus L. *Faisan commun.*

Originaire de l'ancienne Colchide, d'où il fut apporté en Grèce, par Jason et les Argonautes, quatre-vingt-cinq ans avant le siège de Troie, ce bel oiseau est depuis longtemps naturalisé dans le département, où il tend à se propager de plus en plus. On le rencontre dans presque tous les bois et forêts, où il se reproduit très bien : Lamenais, Mulnay, Saint-Voir, Jaligny, Champroux, Civrais, le Délat, la Suave, les Brosses, Lespinasse. Château-Charles, etc.

On élève dans des volières ou des parcs plusieurs autres espèces : l'*Argenté*, le *Doré*, le *Vénéré*, etc.

Le *Ganga* (*Pterocles alchata* L.) est signalé par M. Gervais, dans le *Dictionnaire encyclopédique des sciences médicales*, publié sous la direction du Dr Dechambre, comme se trouvant quelquefois en Auvergne. On m'a assuré qu'un oiseau de cette espèce avait été tué, il y a plusieurs années, aux environs de Châtelguyon (Puy-de-Dôme). Le Ganga vit en compagnies nombreuses et est commun en Algérie et, dans le midi de la France, dans la plaine de la Crau. Il est très possible qu'il se montre accidentellement dans notre département.

Les poules s'élèvent en grand nombre dans le département, où domine la race locale dite *paysanne*. Les croisements avec les *Cochinchinois*, les *Crèvecœur*, les *Dorking*, etc., donnent de bons résultats. L'espèce galline (*Gallus domesticus* L.) est domestiquée depuis un temps immémorial. C'est de la Perse, d'après les auteurs anciens, que la Poule fut introduite en Grèce, peu de temps après l'époque d'Homère, et, de là, en Italie. On rencontre en abondance diverses espèces de coqs et poules sauvages dans les forêts et les montagnes de l'Inde et d'autres parties de l'Asie, aux îles de Java, de Ceylan, de la Sonde, etc. C'est là probablement qu'est la souche primitive de nos poules, qui, dans les basses-cours, varient à l'infini de taille et de coloration.

Le *Coq d'Inde, Dinde, Dindon* (*Meleagris gallopavo* Lath.), originaire du Mexique ou du Yucatan et introduit en Europe par les Jésuites, est élevé en bandes nombreuses dans la plupart des grands domaines. D'après le naturaliste Anderson, le premier Dindon qu'on ait vu en France est celui qui fut servi à Mézières, en 1567, à un festin donné à l'occasion du mariage de Charles IX avec Elisabeth d'Autriche. Il fut assez longtemps à se répandre, et il était encore fort rare à l'époque de la mort de Henri IV (1610).

On rencontre aussi, mais moins communément, et élevés en quasi-liberté, la *Pintade* (*Numida meleagris* L.), originaire de l'ouest de l'Afrique, et le *Paon* (*Pavo cristatus* Lath.), qui habite l'Asie orientale. Ces deux oiseaux ont été domestiqués dès la plus haute antiquité et occupent une place importante dans la mythologie grecque.

Ordre VI. — ÉCHASSIERS

Les Echassiers sont bien nommés et bien caractérisés par la longueur et la ténuité de leurs jambes. Ce sont, pour la plupart, des oiseaux de rivages qui fréquentent les grèves, les marécages, les bords des étangs et des rivières. Presque tous sont des voyageurs qui n'apparaissent que pendant leurs migrations, au printemps et à l'automne ; cependant, quelques espèces, comme les Hérons, les Poules d'eau, les Œdicnèmes, passent la belle saison dans notre pays et y nichent. Ils se nourrissent généralement de vers, d'insectes, de mollusques, de petits crustacés, de poissons ; les plus grands mangent des reptiles, des petits oiseaux et même de jeunes mammifères. Enfin, si la chair du plus grand nombre est détestable, il en est quelques-uns, Outarde, Bécasse, Bécassine, Pluvier, qui fournissent à nos tables des mets succulents.

OTIS L.

149. — Otis tarda L. *Outarde barbue, Grande Outarde.*

Ce magnifique oiseau, le plus gros des gibiers à plumes d'Europe, apparaît accidentellement dans l'Allier pendant les hivers rigoureux, par petites bandes de quatre à six. Très méfiant, il se tient toujours dans de grandes plaines découvertes, où il est difficile à surprendre. Pendant l'hiver de 1879-1880, l'abaissement excessif et persistant de la température avait amené dans notre région un certain nombre d'Outardes qui ont séjourné assez longtemps, et il en a été tué dans plusieurs localités : Gannat, Barberier, La Ferté-Hauterive, Chemilly, Chevagnes, Montluçon. Depuis cette époque, on n'en a revu que très rarement quelques individus isolés qui ne se sont pas arrêtés.

150. — O. tetrax L. *Canepetière, Poule de Carthage.*

Les Canepetières arrivent chaque année au commencement d'avril et s'établissent dans les grandes plaines, où elles nichent dans les blés. Elles sont assez communes dans les vallées de la Loire et de l'Allier ; elles repartent au commencement d'octobre, et, à cette époque, on peut en rencontrer un peu partout, dans les vignes et même dans les jeunes taillis.

ŒDICNEMUS Temm.

151. — Œdicnemus crepitans Temm. *Œdicnème criard, Courlis de terre, Corlieu.*

Très commun, de mars à la fin d'octobre, dans les plaines arides, les grands labourages et sur les sables des bords de l'Allier et de la Loire. Cet oiseau a une activité surtout nocturne. Dès que le soir arrive, il prend son vol et circule durant toute la nuit dans la campagne, en poussant son cri caractéristique : *turr...lui.* Il fait une grande consommation d'insectes, surtout d'Orthoptères. Il pond ses œufs sur la terre nue, sans construire le moindre nid.

PLUVIALIS Barr.

152. — Pluvialis apricarius L. *Pluvier doré.*

Le Pluvier doré est rare dans l'Allier ; on n'en voit que quelques individus isolés, au moment du passage : La Ferté-Hauterive, etc.

CHARADRIUS L.

153. — Charadrius hiaticula L. *Grand Pluvier à collier.*

Peu commun ; aux bords des rivières et des grands étangs : l'Allier, la Loire, la Sioule.

154. — C. philippinus Scop. *C. minor* Mey et Wolff. *Petit Pluvier à collier.*

Le Petit Pluvier à collier est commun tout l'été au

bord de toutes les rivières et des étangs. Il niche et repart généralement au commencement de novembre, mais on en rencontre tout l'hiver quand le froid n'est pas trop rigoureux.

VANELLUS L.

155. — Vanellus cristatus MEY. et WOLF. *Vanneau.*

Dès la fin d'octobre et en novembre, on voit apparaître de grandes bandes de Vanneaux qui volent en tourbillons serrés et séjournent plus ou moins longtemps sur les grèves de l'Allier et de la Loire, dans les prairies humides, les champs ensemencés. Au printemps, ils remontent au Nord, mais il reste toujours quelques couples qui nichent sur nos rivières.

NUMENIUS MŒHR.

156. — Numenius arquata L. *Grand Courlis.*

Peu commun et de passage irrégulier, en petites bandes, au printemps et à l'automne, sur l'Allier, la Loire et la Sioule.

157. — N. phœopus LATH. *Courlis Corlieu.*

Plus petit que le précédent. Il est rare et de passage irrégulier dans les grandes plaines : Bizeneuille (Villatte des Prugnes), La Ferté-Hauterive.

LIMOSA BRISS.

158. — Limosa œgocephala L. *Barge à queue noire.*

Accidentellement ; au bord des rivières et des grands étangs : Moulins, bords de l'Allier (de Chavigny) ; Marcillat (Cte de Durat).

On pourra rencontrer dans les mêmes localités une autre espèce : la *Barge rousse* (*Limosa rufa* Briss.), lors de son double passage, au printemps et à l'automne.

SCOLOPAX L.

159. — Scolopax rusticula L. *Bécasse.*

La Bécasse est commune dans nos bois, à son double passage. Les premières arrivent vers le milieu d'octobre, et, si le froid n'est pas trop rigoureux, on en rencontre pendant presque tout l'hiver. En mars, elles s'accouplent : c'est le temps de la *croule*, et on les voit alors, au crépuscule, se poursuivre en volant dans les clairières et les allées des bois, en poussant de petits cris bien connus des chasseurs. Vers le milieu d'avril, elles ont toutes disparu, sauf quelques rares couples qui s'établissent dans les grandes forêts pour nicher. Un des derniers jours du mois de mai, j'en ai rencontré deux individus, probablement mâle et femelle, tout près du sommet du Montoncel ; plus tard encore, en juin, j'en ai vu dans les bois des gorges de la Sioule, près Neuvialle.

La Bécasse est sujette à l'albinisme. M. le comte de Durat en possède une dans sa collection entièrement blanche, y compris le bec et les pattes, sauf l'extrémité des deux grandes pennes externes des ailes, qui a conservé sa couleur normale.

160. — **S. major** G_M. *Grande Bécassine, Double Bécassine.*

La Grande Bécassine est rare dans le département. Je n'en connais que deux captures, à Broût-Vernet et à Droiturier.

161. — **S. gallinago** L. *Bécassine, Chèvre de la Saint-Jean.*

La Bécassine était très commune autrefois, au bord des étangs, des ruisseaux, dans les prés tourbeux et marécageux, les bruyères humides. Elle nichait fréquemment, et, au mois de juin, on entendait dans toutes les prairies retentir son cri, qui ressemble à une sorte de bêlement. Aujourd'hui que les bruyères sont défrichées, les prés drainés et assainis, les ruisseaux canalisés, on ne la rencontre plus que rarement et accidentellement.

162. — **S. gallinula** L. *Petite Bécassine, Sourde.*

Cette Bécassine est assez commune dans les prairies

marécageuses de la base du Montoncel, à Laprugne, Lavoine, Ferrières. Elle est plus rare dans les autres parties du département, où on la trouve çà et là autour des étangs et près des rivières : Marcillat, Vichy, Broût-Vernet, Moulins.

TRINGA L.

163. — **Tringa cinclus** L. *Bécasseau brunette.*
Çà et là, aux bords de l'Allier, de la Loire, du Cher.

MACHETES Cuv.

164. — **Machetes pugnax** Cuv. *Combattant.*
Peu commun, et de passage irrégulier. Bords de l'Allier, près Moulins (de Chavigny).

TOTANUS Bechst.

165. — **Totanus griseus** Bechst. *Chevalier aboyeur.*
De passage irrégulier. Aux bords des rivières, Moulins, Broût-Vernet.

166. — **T. calidris** Bechst. *Chevalier gambette.*
Reconnaissable dans le genre à ses pattes d'un rouge vermillon. Assez commun au printemps et à l'automne.

167. — **T. fuscus** Bechst. *Chevalier brun.*
Bord des rivières ; peu commun.

168. — **T. glareola** Temm. *Chevalier sylvain.*
Rare. Bords de l'Allier, près Villeneuve (de Chavigny).

169. — **T. ochropus** Temm. *Chevalier cul-blanc.*
Le Chevalier cul-blanc est commun toute l'année, sur les rivières, les étangs, les fontaines, les fossés d'irrigations ; il est encore plus fréquent en automne.

170. — **T. hypoleucos** Temm. *Chevalier guignette.*
La Guignette est assez commune aux bords de toutes nos rivières, où elle niche. Elle disparaît en octobre.

RALLUS L.

171. — Rallus aquaticus L. *Râle d'eau.*

Le Râle d'eau est assez commun le long des étangs et des ruisseaux. On le rencontre presque toute l'année. Il habite des fourrés de joncs et d'herbes aquatiques, d'où il est difficile de le faire sortir et de l'obliger à prendre son essor.

172. — R. crex L. *Râle de genêts, Roi des cailles.*

Le Râle de genêts est abondant, certaines années et dans certaines localités, à son passage en septembre. On le trouve alors dans les champs de genêts, de pommes de terre, de betteraves, les prairies artificielles, les saulaies des bords des rivières.

173. — R. porzana L. *Marouette.*

La Marouette a subi le sort de la Bécassine. Le dessèchement des étangs et le drainage des prés l'a éloignée de notre région, où elle était très répandue autrefois, et on ne la rencontre plus que rarement.

174. — R. Baillonii Vieill. *Râle de Baillon.*

Dans les prés marécageux. Encore plus rare que la Marouette.

175. — R. minutus Bonap. *Râle poussin.*

Villeneuve (de Chavigny).

GALLINULA Briss.

176. — Gallinula chloropus L. *Poule d'eau.*

Les Poules d'eau sont communes sur les étangs, les mares, les bords des rivières. Elles placent leur nid à fleur d'eau, au milieu des joncs. Elles n'émigrent que si le froid est très rigoureux et on les trouve ordinairement tout l'hiver.

FULICA L.

177. — Fulica atra L. *Foulque, Morelle, Judelle, Macreuse.*

La Foulque est commune sur les grands étangs, à Villeneuve, à Cosne, à Braise, et paraît aussi sur l'Allier et les autres rivières. Plus grosse que la Poule d'eau, elle en diffère par la large membrane frangée qui borde ses doigts.

GRUS Pall.

178. — **Grus cinerea** Bechst. *Grue cendrée, Dinde sauvage.*

Les Grues passent en bandes nombreuses, volant très haut et formant un immense angle aigu. Elles descendent rarement sur le sol et y restent toujours peu de temps. Cependant, presque tous les ans on en tue plusieurs individus.

ARDEA L.

179. — **Ardea cinerea** L. *Héron cendré.*

Le Héron est commun sur nos rivières ; il fréquente aussi les grands étangs. Il est sédentaire et niche le plus souvent dans un îlot ou un bras de rivière, au milieu des joncs, à l'endroit le plus impénétrable. Autrefois, les hérons, beaucoup plus nombreux qu'aujourd'hui, établissaient leurs nids en nombreuse compagnie, sur de grands arbres où ils revenaient tous les ans. C'étaient les *héronnières*, qui deviennent de plus en plus rares. Dans l'Allier, ils nichent encore sur les arbres par couples isolés : Chemilly, Broût-Vernet, etc.

180. — **A. purpurea** L. *Héron pourpré.*

Le Héron pourpré est rare et de passage accidentel dans l'Allier : Buxière, Bourbon-l'Archambault, Villeneuve, Marcillat.

181. — **A. alba** L. *Aigrette blanche.*

Je n'ai connaissance que d'une seule capture de cet oiseau, sur les bords de l'Allier (de Chavigny).

182. — **A. ralloïdes** Scop. *Héron crabier.*

Un seul individu tué aux bords de l'Allier, près Moulins (de Chavigny).

183. — A. minuta L. *Petit Héron, Blongios, Petit Butor.*

Arrive à la fin d'avril et est commun tout l'été aux bords des rivières. J'en ai trouvé un nid à la cime d'un saule têtard.

184. — A. stellaris L. *Butor.*

Peu commun. Sur les rivières, les grands étangs : l'Allier, la Loire, étangs de Braise, de Messarges, de Tronçais.

185. — A. nycticorax L. *Bihoreau.*

De passage irrégulier. Aux bords de l'Allier, de la Loire et des grands étangs marécageux.

CICONIA Briss.

186. — Ciconia alba Will. *Cigogne blanche.*

La Cigogne passe au printemps et en automne, en bandes qui s'arrêtent rarement. Cependant, j'en ai observé plusieurs fois, au printemps, sur le faîtage de la Cathédrale à Moulins. Quand on voit voler ses bandes au plus haut des airs, on les confond généralement avec celles des Grues. Il est facile d'éviter cette méprise. Le passage de la Cigogne a lieu à la fin d'août et celui de la Grue à la fin d'octobre. La première ne fait entendre aucun cri ; la seconde, au contraire, ne cesse de lancer un cri très sonore qu'on perçoit lors même qu'elle est à perte de vue.

187. — C. nigra. Gem. *Cigogne noire.*

Son passage paraît irrégulier ; en tous cas, on la voit rarement. J'en ai tué un individu en septembre, aux bords de l'Allier, près Chemilly.

PLATALEA L.

188. — Platalea leucorodia L. *Spatule.*

Sur les étangs, où elle est rare. Vallon-en-Sully, pendant l'hiver ; étang de Bourbon-l'Archambault, en septembre.

FALCINELLUS Bechst.

189. — Falcinellus igneus Gm. *Ibis falcinelle.*

Très rare. J'en conserve dans ma collection un individu tué aux bords de l'Allier, à Avermes, près Moulins.

ORDRE VII. — PALMIPÈDES

Les Palmipèdes sont tous des oiseaux aquatiques : leurs doigts sont réunis par une membrane mince et souple, disposition qui leur permet de plonger et de nager avec facilité. Ce sont de grands voyageurs qui, sauf quelques rares exceptions, ne séjournent que peu de temps dans le département et ne font, pour ainsi dire, qu'y passer. Nous avons vu les Outardes et l'Œdicmène faisant le passage des Gallinacés aux Echassiers. L'Avocette et l'Echasse, avec leurs longues jambes grêles et leurs pieds palmés, établissent ici la transition entre les Echassiers et les autres Palmipèdes dont les jambes sont courtes, aptes surtout à la natation, et mal organisées pour la marche. En dehors de quelques espèces de Canards, la chair des oiseaux de cet ordre a un goût musqué désagréable et est peu estimée.

1. — Pattes plus longues que le corps . **Longitarses.**
   Pattes bien plus courtes que le corps 2
2. — Quatre doigts, dont le pouce, tous engagés dans une membrane entière . . . . . . **Totipalmes.**
   Trois doigts seulement engagés dans une membrane entière ou lobée, pouce libre quand il existe. 3
3. — Bec garni sur les bords de lamelles ou dents régulièrement disposées. . . . **Lamellirostres.**
   Bec à bords tranchants 4
4. — Ailes atteignant ou dépassant l'extrémité de la queue ; jambes à l'équilibre du corps.
   Longipennes.
   Ailes courtes, très étroites ; jambes tout à fait à l'arrière du corps. . . . . **Brachyptères.**

Palmipèdes Longitarses.

Bec courbe se redressant à l'extrémité.   **Recurvirostra.**
Bec droit . . . .   **Himantopus.**

RECURVIROSTRA L.

190. — Recurvirostra avocetta L. *Avocette.*

Cet oiseau est rare dans notre département. Un individu a été tué, en juillet, sur les bords de l'Allier, près Chemilly ; un autre, au mois d'avril, près Vichy ; un autre, à la queue d'un étang à Montbeugny.

HIMANTOPUS Briss.

191. — Himantopus melanopterus Temm. *Echasse.*

Je ne connais qu'une seule capture de cet oiseau, aux bords de l'Allier, près Châtel-de-Neuvre.

Palmipèdes Totipalmes.

PHALACROCORAX Briss.

Plus grand ; quatorze pennes à la queue . . . .   *carbo.*
Plus petit ; douze pennes à la queue . . . .   *cristatus.*

192. — Phalacrocorax carbo L. *Cormoran ordinaire.*

De passage presque régulier en novembre et décembre, sur l'Allier et la Loire. Il paraît par petites bandes qui séjournent pendant plusieurs jours au même endroit. Ces oiseaux restent immobiles la plus grande partie de la journée, au bord de l'eau ou posés sur une branche d'un arbre voisin. D'après M. Villatte des Prugnes, on en voit de temps en temps sur l'étang de Beausson, près de Terjat.

193. — P. cristatus Steph. *Cormoran huppé.*

De passage très accidentel. Un individu a été tué cet automne (1896) près de Vallon-en-Sully (Villatte des Prugnes).

Palmipèdes Lamellirostres.

1. — Bec aussi large ou plus large à l'extrémité qu'à la

base ; mandibule inférieure à peu près cachée par la supérieure **2**

Bec plus étroit à l'extrémité qu'à la base ; mandibule inférieure découverte **3**

2. — Doigt externe aussi long que le médian.   **Cygnus.**

Doigt externe plus court que le médian .   **Anas.**

3. — Jambes à peu près à l'équilibre du corps.   **Anser.**

Jambes très en dehors de l'équilibre du corps.   **Mergus.**

CYGNUS L.

1. — Sommet du bec chargé d'un tubercule attenant au front.

mansuetus.

Sommet du bec, en avant du front, lisse. 2

2. — Bec jaune de la base jusqu'à l'extrémité antérieure des narines, plumes du front formant un angle aigu.   *ferus.*

Bec jaune de la base jusqu'en arrière des narines ; plumes du front formant un angle obtus. . . . .   *minor.*

194. — **Cygnus mansuetus** Ray. *C. olor* Vieill. *Cygne domestique, Cygne tuberculé.*

C'est l'espèce que l'on élève pour l'ornement des bassins et pièces d'eau. Il multiplie très bien en domesticité. A l'état sauvage, il habite les contrées orientales du Nord de l'Europe et apparaît sur nos rivières par petites bandes de deux à dix pendant tous les hivers rigoureux.

195. — **C. ferus** Ray. *Cygne sauvage, Cygne chanteur.*

Sur l'Allier, la Loire, le Cher et la Sioule, pendant les hivers rigoureux, mais toujours en petit nombre et rare.

196. — **C. minor** Keys. *Cygne de Bewick.*

Le plus petit des trois. De temps en temps sur nos rivières, pendant les hivers rigoureux : la Loire, l'Allier, la Sioule.

On élève sur les pièces d'eau dans des parcs le *Cygne noir* (*C. atratus* Lath.) originaire d'Australie, et le *Cygne à cou noir* (*C. nigricollis*) qui habite le sud de l'Amérique méridionale.

ANSER Barr.

1. — Tête brun cendré, front blanc. . . . . *albifrons.*
   Front foncé de la même [couleur que le reste de la tête.   2
2. — Bec beaucoup plus court que la tête, d'un jaune orange.
   cinereus.
   Bec à peu près de la longueur de la tête, noir avec une
   tache jaune dans son milieu. . . . . *segetum.*

197. — Anser albifrons Bechst. *Oie à front blanc.*

Passe en novembre et décembre, en grands vols formant de longs triangles. S'arrête rarement.

198. — A. cinereus Mey. *A. ferus* Sal. *Oie cendrée.*

Comme la précédente, passe en grandes bandes en novembre et février et s'arrête très peu. Elle voyage souvent pendant la nuit, et l'on ne s'aperçoit alors de son passage qu'en entendant les cris qu'elle pousse en volant.

L'Oie cendrée est la souche d'où proviennent les Oies domestiques qui sont élevées en grand nombre dans presque tout le département.

199. — A. segetum Gm. *A. sylvestris* Briss. *Oie sauvage.*

Pendant tous les hivers rigoureux, cette espèce séjourne plus ou moins longtemps en bandes nombreuses, dans les grandes plaines des vallées de la Loire et de l'Allier. L'Oie sauvage est très friande de colza, dont elle dévore les pousses jusqu'à la racine. Très méfiante, elle ne se laisse pas approcher et on ne peut en tuer qu'en établissant un affût dans les champs qu'elle fréquente.

On élève sur les pièces d'eau, dans des parcs, plusieurs espèces d'Oies exotiques, notamment l'Oie d'Egypte (*Anser ægyptiacus* L. *Chenalopex ægyptiaca* St.). Ces oiseaux s'égarent souvent et vont se faire tuer sur des étangs, parfois à une grande distance. C'est ainsi qu'il y a plusieurs années, on m'a apporté une Oie d'Egypte mâle tuée sur un étang près de Montbeugny, qui s'était échappée du parc des Bordes, quelques jours auparavant.

8

ANAS L. (1)

1. — Pouce lisse en dessous, sans membrane, ou n'en ayant qu'un rudiment. 2
   Pouce bordé en dessous d'une large membrane 8
2. — Bec plus court que la tête. 3
   Bec plus long que la tête. 4
   Bec de la longueur de la tête. 5
3. — Bec concave au milieu, retroussé en haut à son extrémité. **tadorna.**
   Bec droit. . . . . **penelope.**
4. — Bec à peu près cylindrique. . . . . **boschas.**
   Bec rétréci à la base, très élargi à l'extrémité . **clypeata.**
5. — Bords de la mandibule supérieure garnis sur les trois quarts de leur longueur de lamelles saillantes comme les dents d'un peigne . . . . **strepera.**
   Mandibule supérieure non conformée ainsi. 6
6. — Les deux plumes du milieu de la queue très étroites, aiguës et beaucoup plus longues que les autres . . . . **acuta.**
   Toutes les plumes de la queue à peu près d'égale longueur 7
7. — Tête et cou d'un roux marron, avec une bande verte des yeux à la nuque. . . . . **crecca.**
   Vertex noir, cou brun rouge parsemé de points blancs ; une bande blanche sur les yeux . . . . **querquedula.**
8. — Bec plus court que la tête. . . . . **clangula.**
   Bec de la longueur de la tête 9
9. — Tout le plumage d'un noir profond 10
   Plumage de couleurs variées brillantes. 11
10. — Entièrement noir sans aucune tache ; bec noir avec une tache jaune sur la mandibule supérieure . . . . **nigra.**
    D'un noir brun, plus foncé à la tête ; paupière inférieure et une tache transversale longue et étroite aux ailes, blanches . . . . **fusca.**
11. — Tête, cou et poitrine noirs à reflets métalliques brillants 12
    Tête, cou et poitrine d'un roux vif. 13
12. — Une huppe longue et effilée . . . . **cristata.**
    Point de huppe . . . . **marila.**

---

(1) Ce tableau, comme du reste tous ceux que j'ai donnés dans le cours de ce travail, s'applique uniquement aux mâles adultes. Dans le genre *Anas*, tout particulièrement, les différences tirées de la coloration ne peuvent s'appliquer aux femelles.

13. — Dos et ailes d'un brun noirâtre . . . . **nyroca.**
    Dos et ailes d'un cendré blanchâtre, rayés de zigzags très
      rapprochés d'un cendré bleuâtre . . . . **ferina.**

200. — **Anas tadorna** L. *Tadorna Belonii* RAY. *Tadorne.*

Les deux sexes du Tadorne ont un plumage à peu près semblable, ce qui ne se rencontre pas fréquemment dans le genre Canard. Il est rare dans notre région, et ce n'est que pendant les hivers à froid persistant qu'il apparaît, par couples isolés, sur la Loire, l'Allier et le Cher : Chemilly, Vichy, Montluçon, etc. Il habite les bords de la mer, où il niche dans des trous dans le sable des grèves, souvent dans des terriers de lapins. Sa chair n'a pas bon goût.

201. — **A. penelope** L. *Mareca penelope* SELB. *Siffleur, Canard siffleur.*

Le Canard siffleur est très commun, surtout certaines années, sur les étangs et rivières, à ses passages d'automne et de printemps. Très bon à manger.

202. — **A. boschas** L. *Canard sauvage, Col vert.*

Le Canard sauvage est généralement très abondant sur nos rivières, durant tout l'hiver, mais certaines années on n'en voit que très peu. Un assez grand nombre de couples ne partent pas et nichent aux bords des rivières et des grands étangs. Les jeunes commencent à voler dans le mois de juillet et portent le nom de *Albrans*. Ce Canard offre de nombreuses variétés de coloration : on en trouve de tout blancs, d'autres avec une seule aile blanche. Il multiplie très bien en domesticité ; il conserve la faculté de voler et, comme les Pigeons fuyards, revient à sa basse-cour, mais il finit par céder à l'attrait de la liberté, et ces Canards *domestiques volants*, un jour ou l'autre, ne reparaissent plus.

C'est la souche de l'espèce domestique répandue partout chez nous et qui présente un grand nombre de races ou variétés.

Le Canard de Barbarie (*Anas moschata* L.) originaire de la Guyane et du Brésil s'élève aussi et produit avec la Cane ordinaire des métis inféconds. Ce sont ces métis appelés *Mulards,* et qui sont produits plus fréquemment dans le midi de la France, qui fournissent ces énormes foies dits *foies gras*, du poids d'un kilogramme et plus, si célèbres dans l'art culinaire.

203. — **A**. **clypeata** L. *Spatula clypeata* Boie. *Souchet.*

Bien reconnaissable à la forme de son bec, plus long que la tête, étroit et demi-cylindrique à la base, très large et taillé en cuillère dans sa moitié antérieure ; la mandibule supérieure est garnie de lamelles fines et longues, détachées et saillantes comme les dents d'un peigne. De passage en automne et au printemps ; assez commun. Sa chair est très savoureuse. Ce Canard est très abondant sur la Seine et la Marne et est vendu aux marchés de Paris sous le nom de *rouge de rivière.*

204. — **A**. **strepera** L. *Chaulelasmus strepera* Gr. *Chipeau, Ridenne.*

Comme chez le précédent, la mandibule supérieure est garnie, sur les trois quarts de sa longueur, de lamelles saillantes et détachées comme les dents d'un peigne. Ce sont les deux seules espèces de Canards qui présentent cette conformation, mais la forme du bec, qui, chez le Chipeau, n'est pas plus long que la tête et de même largeur dans toute son étendue, ne permet pas de les confondre. On le voit par petites bandes en hiver, çà et là sur les étangs et rivières. Il est peu commun.

205. — **A**. **acuta** L. *Dafila acuta* Eyt. *Pilet.*

Les deux pennes du milieu de la queue, beaucoup plus longues que les autres, font aisément reconnaître le Pilet. De passage en hiver.

206. — **A**. **querquedula** L. *Querquedula circia* St. *Sarcelle d'été.*

Cette Sarcelle est commune à son double passage en octobre et mars. Quelques couples sont sédentaires et nichent sur les grands étangs ou aux bords des rivières.

207. — **A**. **crecca** L. *Querquedula crecca* St. *Sarcelle d'hiver, Petite Sarcelle.*

Assez commune sur les rivières et les grands étangs,

surtout à son passage de printemps. Plusieurs couples nichent.

208. — **A. clangula** L. *Clangula glaucion* Br. *Canard garrot.*

Sur les rivières, mais de passage irrégulier et seulement dans les hivers rigoureux. Rare.

209. — **A. cristata** L. *Fuligula cristata* St. *Morillon.*

On en voit quelques bandes sur les grands étangs qui séjournent tout l'hiver, si la gelée n'est pas trop forte.

210. — **A marila** L. *Fuligula marila* St. *Milouinan.*

Dans les hivers rigoureux, sur les rivières et les étangs. Rare.

211. — **A. ferina** L. *Fuligula ferina* St. *Milouin.*

Passe à l'automne et au printemps : on n'en voit presque jamais pendant l'hiver.

212. — **A. nyroca** Guld. *Fuligula nyroca* St. *Canard nyroca.*

De passage irrégulier et par couples. Rare.

213. — **A. nigra** L. *Oidemia nigra* Fl. *Macreuse ordinaire.*

Pendant les hivers très froids, on en voit quelques individus isolés ou mêlés à d'autres bandes de Canards.

214. — **A. fusca** L. *Oidemia fusca* Fl. *Macreuse brune.*
Sur l'Allier et la Loire, pendant les hivers très froids. Rare.

MERGUS

♂ Tête blanche ; une tache noire entre le bec et l'œil ; ♀ tête d'un brun roux . . . . *albellus.*

♂ Tête et moitié supérieure du cou d'un noir verdâtre brillant ; ♀ partie supérieure de la tête d'un brun roux . . . . *merganser.*

215. — **Mergus albellus** L. *Harle piette.*

Çà et là sur les rivières et les étangs, au milieu de l'hiver. Peu commun. Vichy (Givois), Broût-Vernet (du Buysson).

216. — *Mergus merganser* L. *Harle bièvre, Grand Harle, Jarle.*

Assez commun, durant tout l'hiver, sur les rivières et étangs qui ne sont pas gelés.

Palmipèdes Longipennes.

1. — Queue cunéiforme ou carrée ou très légèrement
    échancrée. . , ... 2
    Queue plus ou moins fourchue. 3
2. — Les deux pennes du milieu de la queue plus
    longues que les autres; narines percées plus
    près de la pointe du bec que de sa base.
    Stercorarius.
    Queue carrée à pennes d'égale longueur, ou très
    légèrement échancrée ; narines percées vers le
    milieu du bec. . . . . **Larus.**
3. — Queue très fourchue ; membranes interdigitales
    assez développées et médiocrement échancrées ;
    ongle du doigt médian très recourbé.   **Sterna.**
    Queue peu fourchue : membranes interdigitales
    étroites et profondément échancrées : ongle du
    doigt médian à peine recourbé.   **Hydrochelidon.**

STERCORARIUS Briss.

217. — **Stercorarius parasiticus** Gr. *Stercoraire parasite, Stercoraire labbe.*

Oiseau de mer très rare dans le département, où on ne le voit que très accidentellement quand il a été entraîné par des ouragans. Villeneuve (de Chavigny).

LARUS L.

218. — **Larus fuscus** L. *Goëland brun.*

Rare et accidentellement sur l'Allier, la Loire et les autres rivières.

219. — **L. argentatus** Brunn. *Goëland à manteau bleu.*

Sur les rivières et les grands étangs. Rare. Diou sur la Loire, Moulins sur l'Allier.

220. — L. canus L. *Goëland blanc.*

Très accidentellement sur les étangs et cours d'eau.

221. — L. tridactylus. *Goëland tridactyle.*

C'est de tout le genre, l'espèce que l'on rencontre le moins rarement dans notre région. Tous les ans il en paraît sur toutes nos rivières un plus ou moins grand nombre d'individus et on en tue sur le Cher, l'Allier, la Sioule, la Loire.

222. — L. ridibundus L. *Mouette rieuse.*

Facile à reconnaître au capuchon d'un brun foncé qui, en plumage d'été, couvre toute sa tête et le haut du cou. La Mouette rieuse se trouve çà et là sur les rivières et les étangs, principalement au printemps et à l'automne.

STERNA L.

Tête et front entièrement noirs.	*hirundo.*
Tête noire, front blanc	*minuta.*

223. — Sterna hirundo L. *Hirondelle de mer, Pierre-Garin.*

Arrive régulièrement sur nos rivières et nos grands étangs dans les derniers jours d'avril et au commencement de mai. Niche par terre sur le sable. On voit cet oiseau planer tout le jour sur les eaux à la recherche de petits poissons et d'insectes aquatiques.

224. — S. minuta L. *Petite hirondelle de mer.*

Sa manière de vivre est la même que celle de la précédente ; elle arrive un peu plus tard et est aussi un peu moins commune.

HYDROCHELIDON Boie

1. — Bec noir	*fissipes.*
Bec rouge	2
2. — Tête et cou noirs	*nigra.*
Tête noire, gorge et joues blanches	*hybrida.*

225. — Hydrochelidon fissipes Gr. *Guifette épouvantail.*

Les Guifettes apparaissent tous les ans au printemps

sur nos rivières. Elles y nichent, mais sont toujours en petit nombre. D'après M. R. Martin, elles se nourrissent surtout de Libellules, Ephémères et autres Névroptères.

226. — H. nigra GR. *H. leucoptera* BOIE. *Guifette noire.*

Arrive et part en même temps que l'Epouvantail et niche aussi sur les bords des cours d'eau et des étangs.

227. — H. hybrida GR. *Sterna leucopareia* NATT. *Guifette hybride, Moustac.*

Se trouve, comme les précédentes, sur les rivières, en été, mais plus rarement.

Palmipèdes Brachyptères.

1. — Quatre doigts 2
    Trois doigts, pas de pouce . . . . **Alca**
2. — Palmure complète : les trois doigts antérieurs réunis par une membrane . . . . . **Colymbus.**
    Palmure incomplète : doigts garnis latéralement de larges membranes lobées . . . . **Podiceps.**

COLYMBUS L.

228. — Colymbus glacialis L. *Plongeon imbrim.*

Très rarement sur nos rivières, pendant les hivers rigoureux. L'Allier près Moulins (de Chavigny).

PODICEPS LATH.

1. — Une huppe à la nuque. 2
    Point de huppe . . . . *fluviatilis*
2. — Joues blanches ; dessous du corps d'un blanc pur.
cristatus.
    Joues grises, dessous blanc, parsemé de petites taches brunes.
grisigena.

229. — Podiceps cristatus LATH. *Grèbe huppé.*

En été, aux bords de l'Allier, de la Loire et des grands étangs ; il est rare. C'est l'oiseau dont le plumage est préparé par les pelletiers pour faire des manchons, des garnitures de robe, etc.

230. — P. grisigena Gr. *Podiceps rubricollis* Lath. *Grèbe jou-gris.*

Accidentellement. Un individu a été tué près de Villeneuve (de Chavigny).

231. — P. fluviatilis Gerbe. *Petit Grèbe, Castagneux, Plongeur.*

Le Petit Grèbe est très commun, toute l'année, aux bords de toutes les rivières, dans les boires et dans les étangs et marais, où il se tient parmi les herbes aquatiques et où on le prend souvent dans les filets en pêchant.

ALCA L.

232. — Alca torda L. *Petit Pingouin.*

Très accidentellement en hiver. Deux individus de cette espèce ont été tués sur l'Allier, pendant les grands froids du mois de janvier 1880. Un autre, qui figure au Musée de Moulins, avait été tué antérieurement. En 1880. M. Givois tua aussi cet oiseau sur les bords de l'Allier, près Vichy.

SUPPLÉMENT AUX OISEAUX

2. — Aquila fulva L.

Un individu a été tué il y a environ quinze ans aux Simonots, près de Chazemais (Villatte des Prugnes).

34. — Picus canus Gm.

Charmeil, près Vichy (Givois).

37. — Coracias garrula L.

Vichy, Cressanges (Alb. Thonier).

38. — Meriops apiaster L.

Ebreuil (Lamotte).

76. — *Emberiza cia* L.

M. Rob. du Buysson a observé pendant plusieurs années cet oiseau aux environs du Mayet-d'Ecole où il nichait.

9

102 bis. — **Philomela major** Brehm. *Rossignol progné.*

Paraît n'être qu'une variété du *luscinia* dont il a le double de la taille ; il s'en distingue, en outre, par son dessus plus foncé, son croupion plus brun, sa poitrine teintée de brunâtre et une tache brune derrière l'œil. Il a les mêmes mœurs, mais il est bien moins commun et on ne le rencontre que rarement (Givois).

113 bis. — **Sylvia melanocephala** Lath. *Curruca melanocephala* Boie, *Babillarde mélanocéphale.*

Rare et accidentellement. Moulins.

117 bis. — **Calamoherpe palustris** Boie, *Verderolle.*

Pas rare sur les scirpus et les roseaux autour des étangs de la région montagneuse du département (Givois).

120 bis. — **Calamodyta aquatica** Bp. *Phragmite aquatique.*

Pas rare le long des bords de l'Allier, dans les salix et les hautes herbes (Givois).

217 bis. — **Thalassidroma pelagica** Selb. *Thalassidrome tempête.*

Cet oiseau est répandu en Europe sur toutes les mers qu'il ne quitte que bien rarement, à la suite d'une longne et violente tempête. Aussi je dois signaler la capture, par M. Givois, d'un individu de cette espèce qui suivait une bande de Corneillès Freux, aux environs de Vichy, pendant l'hiver de 1892.

OISEAUX FOSSILES

Alph. Milne-Edwards. — Recherches anatomiques et paléontologiques pour servir à l'histoire des oiseaux fossiles de la France. Paris, Masson, 1866-1871, in-4°, avec atl. de 201 planches.

Cet ouvrage contient la description de la célèbre faune ornithologique du calcaire à phryganes de Saint-Gerand-le-Puy.

Classe III. — REPTILES

Sang froid ; peau couverte de plaques écailleuses ou osseuses ; ovipares ou ovovivipares ; point de métamorphoses.

TABLEAU DES ORDRES

1. Quatre membres bien apparents, ou s'il n'y a point de membres apparents, le ventre et le dos recouverts d'écailles semblables 2
   Point de membres ni de rudiments de clavicule ; écailles du ventre toujours différentes de celles du dos. . . . . **III. OPHIDIENS.**
2. Corps court, ramassé, enveloppé d'une plaque osseuse en dessus (carapace) et en dessous (plastron) ; point de dents ; œufs à coque dure . . **I. CHÉLONIENS.**
   Corps allongé, garni de petites écailles ; des dents ; œufs recouverts d'une membrane molle.

   II. SAURIENS.

Ordre I. — CHÉLONIENS

Les Chéloniens ou Tortues ont le corps enfermé dans une enveloppe osseuse formée aux dépens des vertèbres, des côtes et du sternum. La tête, le cou et les membres sont généralement rétractiles. Il existe de nombreuses espèces de Tortues qui se divisent, suivant leur habitat, en Tortues de mer, d'eau douce et terrestres. On n'en rencontre qu'une seule dans notre région.

CISTUDO GRAY

1. — **Cistudo europea** SCHN. *Testudo lutaria* ROND. *Cistude d'Europe, Tortue d'eau, Tortue bourbeuse.*

La Cistude est commune dans tous les étangs du département, surtout ceux de l'arrondissement de Moulins, dans les communes de Dompierre, Thiel, Chapeau,

Neuilly-le-Réal, Montilly, Aubigny, Lurcy-Lévy, etc. ;
elle est moins fréquente dans les autres arrondissements.
Sa carapace est normalement d'un brun verdâtre, avec
des stries jaunâtres, mais on trouve une variété qui présente une teinte noir sale avec les lignes jaunes à peu
près complètement oblitérées. La Cistude passe la plus
grande partie de sa vie dans l'eau et on la voit souvent
immobile à la surface, au milieu des étangs, se chauffant
au soleil. Elle se nourrit d'insectes, de mollusques et de
petits poissons. En automne, elle s'enfouit dans la vase
et ne reparait qu'au printemps, au mois d'avril. La
femelle alors ne tarde pas à pondre de six à dix œufs,
blancs, à coque dure, gros à peu près comme ceux des
pigeons, qu'elle dépose dans un trou, le plus souvent
dans un champ labouré, à proximité de l'étang, et qu'elle
abandonne à eux-mêmes. Dès leur éclosion, les petits
peuvent marcher et se mettent en devoir de regagner
l'eau de leur voisinage.

On vend fréquemment dans les rues et sur les marchés de Moulins et de Montluçon, une Tortue terrestre (*Testudo mauritanica*
Dum. et Bibr.) importée d'Algérie, où elle est très commune. Très
facile à nourrir, cette Tortue s'acclimate fort bien et est élevée
comme curiosité dans les appartements et les jardins. Sa carapace
est très bombée, ovalaire, jaune avec des taches d'un noir foncé.

Ordre II. — SAURIENS

Les Sauriens ou Lézards ont le corps svelte et allongé,
couvert de petites écailles de forme variable. Ce sont
des amis passionnés du soleil. En été, quand il pleut, ils
se retirent au fond de leurs retraites et dès la fin d'octobre, ils tombent dans une léthargie profonde, d'où ils
ne sortent qu'au retour du printemps, plus ou moins
tôt, suivant les espèces. Ils sont pourvus de quatre
membres, excepté l'Orvet qui ne possède que des rudiments de clavicules et de bassin. Aucun n'est venimeux.
Ils sont ovipares et leurs œufs éclosent très peu de temps
après la ponte : on a même donné le nom de *vivipare* à

un lézard dont les petits rompent l'enveloppe de l'œuf au sortir même du ventre de la mère.

Leur nourriture consiste en insectes de toutes sortes. La queue des Sauriens est d'une fragilité extrême et se brise au moindre choc. Le tronçon ainsi détaché continue pendant quelque temps à s'agiter sur le sol. Aussi quand cet accident arrive à l'Orvet, dont la queue forme plus de la moitié de la longueur, le vulgaire s'imagine que les deux portions de l'animal continuent à vivre. Il n'en est rien cependant : le tronc s'enfuit et ne paraît nullement incommodé, tandis que la queue ne tarde pas à devenir la proie des fourmis et autres insectes carnassiers. Cette queue jouit de la faculté de repousser, mais presque toujours avec de moindres dimensions ; quelquefois le nouveau tronçon se bifurque à sa naissance et le saurien présente alors un double appendice caudal : cette anomalie s'observe surtout chez le *Lacerta muralis*.

TABLEAU DES GENRES

Quatre membres bien apparents . . . . **Lacerta**.
Corps serpentiforme, point de membres apparents.

Anguis.

LACERTA L.

1. Ecailles du dos oblongues, carénées. 2
   Ecailles du dos circulaires, granuleuses . . . . *muralis*.
2. Treize à vingt pores fémoraux sous chaque cuisse ; queue s'amincissant dès la base ; taille grande 3
   Sept à douze pores fémoraux sous chaque cuisse ; queue conservant son diamètre sur la plus grande partie de sa longueur, ne s'amincissant que près de l'extrémité ; taille plus petite. . . . . *vivipara*.
3. Dos vert plus ou moins taché de jaune ou de noir . . *viridis*.
   Dos grisâtre . . . . *stirpium*.

2. — **Lacerta viridis** DAUD. *Lézard vert*.

Commun dans les taillis, les bruyères, au bord des haies, sur les coteaux broussailleux et rocheux, exposés au midi.

La coloration de ce Lézard est très variable ; il présente plusieurs variétés assez bien définies.

A. vert jaunâtre tout moucheté de petits points noirs ; gorge d'un bleu d'azur. (*L. smaragdina* Meisn.)

A'. vert olivâtre en dessus, avec une ou deux raies blanches longitudinales sur chaque côté du corps, ordinairement bordées de taches brunes ou noires (*L. bilineata* DAUD.).

A''. brun parsemé de taches irrégulières d'un jaune verdâtre avec une bande jaune verdâtre continue de chaque côté du corps, au-dessus des flancs, jusqu'aux pattes postérieures.

A'''. corps vert olivâtre sans taches.

Ces variétés sont également communes. La var. A' (*bilineata* Daud.) semble éviter les bois et se rencontre de préférence dans les vignes et le long des haies qui séparent les champs.

On peut en trouver d'entièrement noires. Un individu de cette couleur a été capturé près de Bordeaux (Lataste).

Le Lézard vert, comme du reste les autres espèces du genre, se nourrit d'insectes et de mollusques. Il est extrêmement agile et s'enfuit avec rapidité, en produisant sur les feuilles sèches un bruit de froissement caractéristique.

3. — **L. stirpium** DAUD. *Lézard des souches.*

Ce Lézard est intermédiaire entre le Lézard vert et le Lézard des murailles. Ses formes sont plus trapues et il est beaucoup moins agile. On le trouve dans les talus des champs et à la lisière des bois. Il est peu commun dans le département : je l'ai rencontré aux environs de Moulins, à Neuvy, Avermes, etc., et à Montluçon.

4. — **L. muralis** LAUR. *Lézard gris, Lézard des murailles.*

C'est le plus commun de tous les Lézards : on le rencontre partout : sur les murs de clôture, autour des habitations, même dans les villes, sur les troncs des vieux arbres, les talus des routes, les rochers, les coteaux broussailleux, etc. Il est peu frileux ; il disparaît tard en automne et il apparaît souvent au bord de son trou dans les journées ensoleillées du mois de février.

C'est chez ce saurien que l'on observe le plus fréquemment la bizarrerie de la *double queue*. Je possède dans ma collection un bel exemplaire ainsi conformé, capturé dans un jardin dans l'intérieur de la ville de Moulins. Les deux queues sont sensiblement d'égale longueur et placées l'une au-dessus de l'autre sur un même plan vertical.

Voici les dimensions de ce sujet :

Longeur totale 0^m,145 ; du bout du museau à l'anus 0^m,06 ; de l'anus à la bifurcation de la queue, 0^m,055 ; de la bifurcation de la queue à l'extrémité de chacune des branches, 0^m,03.

M. de Rocquigny-Adanson m'écrit qu'il a vu, sans pouvoir s'en emparer, au mois d'avril dernier, un Lézard des murailles à double queue, sur le mur de clôture de la cour du Petit-Séminaire, près Moulins.

5. — L. vivipara Jacq. *Lézard vivipare.*

Ce Lézard met au monde des petits vivants sortant de l'œuf au moment où ils sont pondus. Il habite de préférence le voisinage des marais. Il est commun dans les tourbières du Montoncel et de la Madeleine. Pérard le signale à Quinsaine près Montluçon. Je n'ai pas connaissance de sa capture sur d'autres points du département. Le *L. vivipara* a l'aspect extérieur du *L. muralis*, mais ces deux espèces sont faciles à distinguer aux caractères suivants : Chez le *muralis*, les écailles du dos sont circulaires, granuleuses ; on compte sous chaque cuisse de 18 à 20 pores fémoraux et enfin, entre les cuisses postérieures, on observe une série d'écailles beaucoup plus petites que les ventrales et que celles qui entourent la plaque préanale.

Chez le *vivipara,* les écailles du dos sont oblongues et munies d'une carène d'autant plus saillante qu'elles sont plus voisines de la queue ; il n'y a que 7 à 12 pores fémoraux sous chaque cuisse ; et les écailles qui se trouvent entre les cuisses postérieures sont semblables à celles du ventre et à celles qui entourent la plaque préanale.

Ce dernier caractère sert aussi à distinguer certains gros individus de *L. vivipara* du *L. stirpium* qui, outre le nombre de pores fémoraux plus considérable a, entre les cuisses, une série d'écailles plus petites que les voisines.

ANGUIS L.

6. — **Anguis fragilis** L. *Orvet, Borgne, Annevieu.*

Malgré son corps cylindrique et son absence de membres extérieurs, l'Orvet a des rudiments de clavicules, d'omoplates et de bassin et doit être rangé parmi les Sauriens et non les Ophidiens. Il est tout à fait inoffensif et nullement venimeux. Ses yeux sont très petits, mais il n'est pas aveugle, comme on le croit vulgairement. Sa queue, très fragile, repousse assez rapidement. On le trouve très communément partout, dans les prés, les allées herbées des bois, sous les mousses, les amas de pierres. Assez variable de coloration, il est généralement d'un gris clair en dessus avec ou sans ligne dorsale noire.

Ordre III. — OPHIDIENS

Les Ophidiens ou Serpents ont le corps très allongé, effilé, cylindrique, entièrement dépourvu de membres. Ils se déplacent en rampant au moyen d'inflexions latérales rendues faciles par la conformation de leurs nombreuses côtes qui ne sont articulées qu'avec les vertèbres et sont libres à leur extrémité. Comme les Sauriens, ils s'engourdissent à l'approche de la mauvaise saison et passent l'hiver dans une immobilité complète, au fond d'un trou creusé sous des pierres, dans de vieilles souches ou dans des fissures de rochers. Ils se groupent alors en sociétés nombreuses parmi lesquelles on trouve souvent des espèces différentes. Pendant le cours de l'été, ils changent de peau cinq ou six fois. Leur langue, qu'ils dardent à chaque instant, est très longue, très mobile et bifurquée dans sa moitié antérieure ; elle est souple, molle et ne peut aucunement leur servir pour *piquer*.

Les Ophidiens se partagent naturellement en serpents venimeux et en serpents inoffensifs ou non venimeux.

Les premiers, ou *vipères*, possèdent un appareil venimeux des plus redoutables, consistant en une glande située directement sous la peau et de chaque côté de la tête, au-dessous de l'œil. Ces glandes secrètent le venin et communiquent avec deux ou quatre crochets mobiles et canaliculés implantés dans la mâchoire supérieure et couchés en temps de repos dans un repli de la gencive. Pour mordre, la vipère ouvre sa gueule toute grande, de façon à ce que le maxillaire inférieur vienne s'appliquer sur son cou ; les crochets de la mandibule supérieure se redressent et font saillie en avant ; elle s'arc-boute alors sur sa queue et la partie postérieure de son corps, et, redressant l'antérieure, elle lance sa tête sur sa victime d'un mouvement sec et rapide. A la moindre résistance que rencontre un des crochets, la pression qu'il exerce sur la glande correspondante fait jaillir le venin qui s'écoule par le conduit creusé intérieurement dans ce crochet et se répand aussitôt dans la blessure. Ces morsures, ou plutôt ces piqûres (car il n'y a pas fermeture de la mâchoire) tuent les petits animaux avec une rapidité effrayante et sont même quelquefois mortelles pour l'homme. D'après des expériences récentes, le seul remède vraiment efficace est une injection à l'aide d'une seringue de Pravaz, à la place même de la blessure, d'une solution à 1 pour 100 de permanganate de potasse.

Les Vipères font leurs petits vivants, au nombre de dix à quinze : dès leur naissance, les jeunes vipereaux qui mesurent de quinze à vingt centimètres sont en état de se suffire à eux-mêmes et ne tardent pas à devenir aussi dangereux que leurs parents.

Les Serpents non venimeux, confondus sous l'appellation générale de *Couleuvres*, sont dépourvus de crochets à venin à la mâchoire supérieure. Leur morsure est absolument sans aucune conséquence. La Coronelle est ovovivipare, mais les femelles des Tropidonotes pondent des œufs au nombre variable de quinze à trente ; elles les déposent dans une place humide et chaude et ne s'en occupent plus. Ces œufs ont une enveloppe blanchâtre, membraneuse, molle ; ils sont de la grosseur de ceux des Tourterelles. Au bout de trois à quatre semaines, il en sort de petits serpents de dix à vingt centimètres qui se mettent aussitôt à la recherche des vers et des insectes dont ils font leur première nourriture.

TABLEAU DES GENRES

1. Deux grands crochets à la mâchoire supérieure ; tête couverte de petites écailles semblables à celles du corps . . . . : . . . . **Vipera**.
   Point de crochets à la mâchoire supérieure ; tête couverte de grandes plaques disposées symétriquement 2
2. Ecailles du corps carénées . . . . . . **Tropidonotus**.
   Ecailles lisses . . . . **Coronella**.

TROPIDONOTUS Kuhl.

1. — Un collier d'un blanc jaunâtre sur la nuque. . . . *natrix*.
   Point de collier . . . . *viperinus*.

7. — **Tropidonotus natrix** L. *Coluber torquatus* Lacép., *Couleuvre à collier*.

Cette Couleuvre est facilement reconnaissable à sa couleur d'un gris de plomb avec une rangée de taches noires à chaque côté du corps et surtout aux plaques écailleuses jaunes qui dessinent un collier en arrière de la nuque. Elle est très commune au bord des ruisseaux, des étangs, le long des fossés, dans les prés et aussi dans les broussailles et les bois, mais toujours à proximité de l'eau, où elle entre souvent. Elle se nourrit d'insectes, de crapauds, de grenouilles, de petits poissons.

Comme chez tous les reptiles, la couleur de ce serpent varie. Parfois les taches noires s'atténuent et il est presque tout gris ; d'autres fois, au contraire, ces taches s'élargissent et deviennent presque confluentes ; en même temps, surtout si le sujet est vieux, le collier jaune de la nuque se rétrécit jusqu'à disparaître presque complètement. J'en ai vu dont la couleur foncière était d'un gris bleuâtre. La Couleuvre à collier est le serpent de notre région qui atteint les plus grandes dimensions, tant comme longueur que comme grosseur ; la femelle est toujours plus forte que le mâle. J'en possède un individu capturé près de Bressolles, qui mesure 1 m. 10.

8. — **T. viperinus** LATR. *Vipérine, Couleuvre vipérine.*

Cette Couleuvre est très variable de coloration. Elle présente souvent absolument les couleurs de la Vipère ; d'autres fois, elle est d'un brun verdâtre uniforme ou parsemé de taches plus sombres.

Elle est très commune au bord de tous les ruisseaux ; elle est presque toujours dans l'eau et peut rester long-temps submergée sans venir respirer à la surface. Elle se nourrit de larves aquatiques, de batraciens, de petits poissons, de lézards.

Un examen superficiel fera toujours distinguer cette Couleuvre de la Vipère Aspic. Elle n'a pas de crochets à venin et sa tête est couverte de grandes plaques écailleuses. Elle ressemble beaucoup plus à *Vipera berus*, qui a aussi de larges plaques sur la tête et certains sujets sont identiques de coloration. Mais, outre l'absence des dents mobiles de la mâchoire supérieure, la Vipérine a la prunelle arrondie et ses plaques sus-labiales sont directement en contact avec l'œil, tandis que chez la *Vipère* elles en sont séparées par une série de petites écailles suboculaires et la prunelle de l'œil est linéaire verticale.

Quand elle est effrayée ou irritée, elle sait encore ajouter à cette ressemblance : elle enfle tout son corps en l'aplatissant et élargit sa tête de façon à lui donner la forme triangulaire de celle de l'*Aspis*.

CORONELLA Laur.

9. — Coronella lœvis Lacép.

Contrairement aux Tropidonotes, la Coronelle recherche plutôt les localités sèches, les bruyères, les rochers, les coteaux broussailleux, les taillis. Elle est assez commune aux environs de Moulins et elle habite tout le département.

On trouve près de nos limites, dans les bois de la Motte (Saône-et-Loire) et dans la forêt du Péray (Nièvre) une belle Couleuvre, la *Verte et jaune, Zamenis viridi-flavus* D. et B. noire avec l'extrémité de chaque écaille tachée de jaune. Je n'ai pas, jusqu'à présent, eu connaissance de sa présence dans les limites du département de l'Allier.

La *Couleuvre d'Esculape, Elaphis Æsculapii* D. et B., qui existe dans certaines parties du département du Puy-de-Dôme, notamment aux environs d'Issoire, ne se trouve pas non plus dans notre région.

VIPERA Laur.

10. — Vipera aspis L. *Vipère, Aspic, Vrepi.*

La Vipère se reconnaît facilement parmi les autres Serpents de notre région, d'abord à son peu de vivacité et à la lenteur de ses mouvements, puis à sa tête ovoïde, déprimée, élargie en arrière en forme de cœur et entièrement recouverte de petites écailles. Sa coloration est très variable : grise, brune, fauve, rousse, rouge brique avec des taches noires variant aussi de forme et de disposition. Le dessous du corps est généralement d'un gris ardoise.

Elle sort de bonne heure de sa léthargie hivernale, souvent dès la fin de février et on en rencontre encore dans les premiers jours de novembre. Nous avons vu souvent des femelles tuées en septembre et en octobre, dont le corps était rempli de petits Vipereaux qui, mis à découvert, cherchaient immédiatement à se cacher sous les feuilles et les herbes.

Les Vipères se trouvent plus ou moins abondamment dans tout le département, surtout dans les taillis, les landes, sur les coteaux rocheux et broussailleux. Nous avons décrit plus haut leur appareil venimeux. D'après leur couleur, les campagnards les divisent en *Vipères grises*, *Vipères rouges* et *Vipères noires*. Les deux dernières passent pour être plus dangereuses. C'est la variété rouge que l'on trouve le plus souvent ; celle d'un noir uniforme est bien plus rare. Je n'en ai vu que deux individus : l'un dans les bois de Limoise, l'autre chez M. le Cte de Durat, qui l'a capturé aux environs de Marcillat.

La *Vipère péliade*, *Vipera berus* D. et B., plus petite que l'*Aspis*, à tête moins triangulaire, en partie couverte de grandes plaques écailleuses, existe en Auvergne et se trouvera peut-être aussi dans la partie montagneuse du département de l'Allier. Je ne l'ai jamais, jusqu'à présent, rencontrée dans nos limites.

REPTILES FOSSILES

Léon Vaillant. — Etudes zoologiques sur les Crocodiliens fossiles tertiaires de Saint-Gerand-le-Puy (*Biblioth. des hautes études, sect. des Sc. nat., 1872, av. planches*).

H. de Brinon. — Liste des fossiles du département de l Allier qui figurent au Museum de Lyon (*Soc. Emul. de l'Allier, 1887*).

Classe IV. — BATRACIENS

Sang froid ; peau nue ; ovipares ; respiration branchiale dans le jeune âge ; des métamorphoses.

TABLEAU DES ORDRES

Forme courte, ramassée : quatre membres dont les deux postérieurs beaucoup plus longs ; point de queue à l'état adulte . . . . **I. ANOURES.**

Forme allongée ; quatre membres courts à peu près d'égale longueur ; queue persistante à l'état adulte.
II. URODÈLES.

Ordre I. — ANOURES

Les Batraciens sont remarquables par les métamorphoses ou changements d'organisation qu'ils subissent dans leur jeune âge. Ils naissent dans l'eau et y respirent au moyen de branchies pendant les premiers temps de leur existence, alors qu'ils sont à l'état larvaire ; ils prennent peu à peu les formes de leurs parents et sortent de l'eau pour adopter un genre de vie terrestre lorsque leurs branchies sont atrophiées et leurs poumons prêts à fonctionner.

Les Anoures, après leur éclosion, ressemblent, tant par la forme de leur corps dépourvu de membres, que par leur respiration branchiale, à de véritables poissons. On les désigne alors sous le nom de *têtards*. Mais progressivement, les membres se développent, les postérieurs d'abord, puis les antérieurs ; les branchies disparaissent, ainsi que la queue, tandis que les poumons qui n'étaient qu'à l'état rudimentaire, se développent et deviennent propres à recevoir l'air. L'Anoure acquiert ainsi sa dernière forme et se métamorphose, de poisson qu'il était, en animal à respiration aérienne.

Les Anoures font leur ponte dans l'eau et mènent alors pendant quelques jours un genre de vie absolument aquatique. Généralement taciturnes pendant tout le cours de l'année, ils sont à cette époque extraordinairement bruyants et, surtout pendant les nuits, font retentir la campagne de leurs cris variés et discordants. Ils sont d'une très grande fécondité. D'après les observations d'Héron-Royer, la Rainette pond environ 1,000 œufs par an ; la Grenouille verte, 10,000 ; le Crapaud commun, 4,000 à 6,000. Ils ne reprennent leurs habitudes et leur régime normal, que quand ils ont satisfait aux devoirs de leur reproduction. Les uns ne s'écartent jamais beaucoup des fossés ou des étangs, les autres se répandent dans les bois et les prés humides et ont une existence plus exclusivement terrestre. Tous s'engourdissent pendant l'hiver et passent la mauvaise saison blottis au fond d'un trou, sous des souches, des pierres, des amas de feuilles, ou enfouis dans la vase des marais et des pièces d'eau.

Malgré la répulsion qu'ils inspirent, aucun n'est venimeux à la façon de certains reptiles, car ils n'ont que de très petites dents incapables d'occasionner la moindre morsure ; mais ils secrètent, par de nombreuses glandes cutanées, un liquide d'un blanc jaunâtre qui est un violent poison et qui, introduit directement dans la circulation, tue rapidement un petit mammifère ou un oiseau.

Les Batraciens anoures dévorent une quantité énorme d'insectes, de limaces, de vers, et sont de précieux auxiliaires des jardiniers et des agriculteurs.

TABLEAU DES GENRES

1. Doigts renflés à l'extrémité en forme de pelotes.

   Hyla.

   Doigts plus ou moins acuminés, nullement renflés à l'extrémité 2

2. Point de dents maxillaires. . . . . **Bufo**.

   Des dents maxillaires. 3

3. Pupille horizontale. . . . . **Rana**.

   Pupille triangulaire. . . . . **Bombinator**.

   Pupille verticale 4

4. Corps élancé, resserré dans la région de l'aine ; membres postérieurs allongés et très grêles.

   Pelodytes.

   Corps court, ramassé ; membres postérieurs trapus et relativement courts . . . . **Alytes**.

RANA L.

1. — Rana esculenta L. *Grenouille verte.*

D'un vert plus ou moins rembruni, quelquefois bleuâtre avec de grandes taches brunes et une raie dorsale claire, en dessus ; blanche avec des macules grisâtres en dessous ; orteils entièrement palmés.

Les Grenouilles sont très communes dans les mares, les étangs, les fossés, les boires des bords de l'Allier et de la Loire et dans toutes les eaux stagnantes ; elles fréquentent moins les rivières et ruisseaux à courant rapide. Elles se nourrissent d'insectes, de mollusques et aussi de petits poissons. On en mange les cuisses qui constituent un mets excellent et elles servent à faire un bouillon léger et d'un goût agréable.

2. — **R. temporaria** L. *Rana fusca* Rœs. *Grenouille rousse.*

Rousse, grise ou verdâtre avec des taches noires, irrégulières en dessus ; blanchâtre en dessous avec des marbrures plus foncées ; orteils palmés seulement jusqu'à l'avant-dernière phalange ; si on ramène en avant, le long du corps, le membre postérieur, le talon arrive au niveau de l'œil ou de la narine.

Cette Grenouille ne se rencontre guère que dans la région montagneuse du département, où elle n'est pas bien rare au bord des ruisseaux d'eau courante, dans les prés humides et les bois marécageux : la Madeleine, le Montoncel, forêt des Colettes ; aussi dans la forêt de Tronçais.

3. — **R. agilis** Thom. *Grenouille agile, Tailleur.*

Colorée à peu près comme la précédente, dont elle diffère par sa taille moindre et l'extrême longueur de ses membres postérieurs : si on ramène, en effet, un de ceux-ci, en avant, le long du corps, le talon dépasse grandement l'extrémité du museau.

Cette espèce est commune dans les prés et les bois humides ; elle est d'une agilité extrême et fait des bonds énormes en lançant un jet d'urine lorsqu'on cherche à la prendre.

PELODYTES Fitz.

4. — **Pelodytes punctatus** Dug. *Pélodyte ponctué.*

Svelte, fortement étranglé aux hanches ; fauve verdâtre taché de vert clair en dessus ; blanchâtre en dessous.

Le Pélodyte est le plus petit des Batraciens de notre région. Il reste caché pendant tout le jour sous les pierres, les herbes, les racines, et ne sort de son abri qu'au crépuscule. Cette habitude et sa petite taille sont probablement les motifs pour lesquels on ne le rencontre que rarement. Je l'ai capturé dans des jardins, à Vichy, à Cressanges, dans des vignes à Etroussat, sous des fagots aux Ramillons près Moulins.

ALYTES Wagl.

5. — **Alytes obstetricans** Laur. *Alyte, Crapaud accoucheur.*

Dessus du corps olivâtre, parsemé de petites verrues vertes, souvent marqué de légères taches rougeâtres ; blanchâtre, piqueté de brun en dessous.

L'Alyte demeure pendant le jour enterré dans le sol ou caché sous des pierres, mais toujours dans des localités humides ou à proximité de l'eau ; il ne sort qu'au crépuscule et fait alors entendre, à intervalles égaux, un petit cri doux et flûté que l'on peut rendre par le mot *kloch*. La ponte a lieu en mars-avril. Le mâle aide avec ses pattes la femelle à se débarrasser de ses œufs et se les attache sur la partie postérieure du corps, où ils sont retenus et réunis par une substance gluante qui se dessèche et durcit à l'air ; il les porte avec lui, et quand le moment de l'éclosion est arrivé, il va les déposer dans l'eau nécessaire au développement des têtards qui en sortent. Ces œufs, jaunâtres et à coque un peu résistante, sont au nombre de quarante à soixante et de la grosseur d'un grain de chènevis.

Ce Batracien est très commun dans tout le département.

BOMBINATOR Merr.

6. — **Bombinator pachypus** Fitz. *Sonneur igné, Crapaud pluvial.*

Gris brun en dessus ; jaune orangé avec de larges taches d'un noir bleuâtre en dessous.

Le Sonneur est très commun pendant la belle saison,

11

dans les étangs, les mares et dans tous les fossés. Dès la fin de mars, jusqu'en juillet, il fait entendre, sans interruption, durant toutes les nuits, son chant assez bruyant.

Le *Bombinator igneus* L. est plus élancé, son museau est plus acuminé ; il est rouge en dessous : c'est une espèce plus orientale, dont l'habitat s'étend du sud de la Suède et du Danemark à la Hongrie.

HYLA Laur.

7. — **Hyla viridis** Laur. *Rainette verte, Raclet.*

Vert tendre en dessus, une bande noire sur les côtés du corps, depuis les narines jusqu'aux hanches ; extrémités des orteils munies de petites pelotes visqueuses qui lui permettent d'adhérer sur les surfaces lisses.

Commune dans les haies, les broussailles et sur les arbres fruitiers, où elle demeure durant le jour, tapie contre une feuille, faisant entendre, de temps en temps, surtout par les temps pluvieux, un coassement des plus bruyants, hors de rapport avec sa petite taille.

BUFO Laur.

8. — **Bufo vulgaris** Laur. *Crapaud commun.*

Gris, roux ou verdâtre, avec de nombreuses saillies verruqueuses d'un jaune souvent rougeâtre.

Très commun dans les endroits humides et frais, sous les pierres, les bois, dans les caves, le Crapaud passe la journée dans une immobilité à peu près complète et ne circule qu'au crépuscule, à la recherche de sa proie. Il habite souvent dans la terre un trou cylindrique où il revient se réfugier après ses excursions nocturnes, et où il entre à reculons, de façon à présenter toujours la tête à l'orifice sans avoir besoin de se retourner. Il y demeure à l'affût, durant le jour, allongeant sa longue langue gluante pour saisir les insectes qui passent à sa portée. Comme les autres Batraciens, quand est revenue la saison de la reproduction, en mars et avril, les Crapauds se rendent dans les étangs, les mares, les fossés d'eau stagnante, où ils se réunissent en nombre parfois considérable. Les mâles sont alors d'une ardeur extrême : j'en ai observé souvent sept ou huit acharnés sur le cadavre d'une seule femelle dont tous les membres étaient brisés, et qui était morte depuis plusieurs jours, étouffée sous ces trop nombreux embrassements. Dans cette période d'excitation, ils se cramponnent à tout ce qui remue et il n'est pas rare, quand on pêche un étang au printemps, de trouver des carpes ou des brochets portant sur la tête un crapaud qui s'y maintient solidement attaché à l'aide de ses pattes antérieures fixées dans la bouche ou les branchies, avec une raideur des plus fortes.

En dépit de sa laideur et de la répugnance qu'il inspire, le Crapaud rend de très grands services en dévorant une foule d'insectes nuisibles, de limaces, de petits escargots. Les maraîchers des environs de Moulins le conservent avec soin dans leurs cultures. Il ne doit cependant pas être toléré dans le voisinage des ruchers qu'il dépeuple en très peu de temps en saisissant les abeilles à leur rentrée.

Le mâle est toujours beaucoup plus petit que la femelle qui atteint souvent d'énormes proportions.

J'ai dans ma collection un individu remarquable du Crapaud commun, qui a été pris aux environs de Jaligny. Ce Crapaud, que j'ai déjà décrit et figuré (1), est adulte et offre ce cas extraordinaire, d'être pourvu d'un appendice caudal, aplati, atténué à l'extrémité, légèrement recourbé en forme de lame de sabre et d'une longueur de 45 millimètres. C'est sa queue de têtard qui, au lieu de tomber, a continué à croître, et, par une cause inexpliquée, a pris ce développement inusité. Ce fait est très rare et mérite d'être signalé.

---

(1) *Rev. scient. du Bourb. et du Centre de la Fr.*, t. VI, 1893, p. 105, pl. II.

9. — B. calamita Laur. *Crapaud calamite.*

Un peu plus petit que le précédent, dont il se distingue aisément par une raie dorsale jaune.

Le Calamite a des mœurs analogues à celles du Crapaud commun. Il passe la journée blotti sous un trou en terre ou sous une pierre et n'en sort qu'au crépuscule, pour se mettre à la recherche des insectes, mollusques et vers qui constituent sa nourriture. Il ne saute pas, mais il court assez légèrement en s'élevant sur ses pattes, affectant l'allure d'un Campagnol. Il pond un peu plus tard que le Crapaud commun et dans les mêmes conditions. Il est très répandu dans le département.

Le Pélobate, *Pelobates fuscus* Wagl., pourra se rencontrer dans notre région. On le reconnaîtra à sa pupille verticale, à sa tête très forte et renflée longitudinalement et au gros tubercule en forme de couteau comprimé, dont est armé chacun des talons de ses jambes postérieures.

Ordre II. — URODÈLES

Les Urodèles portent, durant toute leur vie, une queue assez développée qui est ronde chez la Salamandre et aplatie chez les Tritons. Moins la vivacité des mouvements, ils ressemblent aux Sauriens : aussi, les désigne-t-on vulgairement sous le nom de *lézards d'eau.* Mais ils en diffèrent essentiellement dans leur jeune âge, par les branchies dont sont munies leurs larves et par les métamorphoses plus ou moins apparentes qu'ils subissent. Ils viennent au printemps déposer leurs œufs dans les étangs et les marais ; la plupart sortent de l'eau dans le courant de l'été et se réfugient pendant le jour, dans des lieux obscurs et frais, sous des pierres, des amas de bois, des écorces d'arbres, ou simplement sous la mousse ; ils redoutent la sécheresse et la lumière trop vive du soleil et ne circulent guère que la nuit ou le soir des journées pluvieuses. Les jeunes ne quittent pas l'eau avant d'avoir accompli leur métamorphose complète, ce qui demande, dans de bonnes conditions, une période de trois à cinq mois.

Les Tritons sont nuisibles dans les étangs : très friands d'œufs de poissons, ils les recherchent avec avidité et en détruisent une énorme quantité ; mais ils deviennent à leur tour la proie des brochets et des perches. Ils jouissent de la faculté curieuse de reproduire leurs membres amputés et cette reproduction a lieu sans altérer sensiblement la forme et sans diminuer la force du membre primitif.

En dépit des préjugés, les Urodèles sont incapables de faire une morsure ; mais ils secrètent par la peau un liquide d'un blanc laiteux qui, introduit directement dans la circulation, a les mêmes propriétés vénéneuses et détermine les mêmes accidents que celui produit par les glandes cutanées des Anoures.

TABLEAU DES GENRES

Queue conique . . . . **Salamandra.**
Queue comprimée . . . . **Triton.**

SALAMANDRA Wurf.

10. — Salamandra maculosa Laur. *Salamandre tachetée, Tas.*

D'un noir grisâtre ou verdâtre avec de larges taches d'un beau jaune.

Très commune dans les broussailles, les souches de vieux arbres, sous les pierres, dans les fissures de rochers, les grottes humides, parfois dans les caves des villes où elle a été introduite.

TRITON Laur.

11. — Triton cristatus Laur. *Salamandre à crête, Triton à crête.*

Gris verdâtre ou brun, avec des taches noirâtres en dessus, jaune orangé en dessous, avec de nombreuses taches noires ou bleuâtres, queue un peu plus courte que le corps, d'un jaune foncé en dessous chez la femelle, noire chez le mâle avec une ligne d'un blanc d'argent brillant sur ses deux faces, dans sa moitié postérieure. A l'époque de la reproduction, le mâle porte sur le dos une crête très haute, noire et profondément dentelée ; cette crête n'existe pas chez la femelle qui se distingue, en outre, par la couleur de la tranche inférieure de sa queue.

Cette espèce est très commune au printemps, dans toutes les mares et les eaux stagnantes.

12. — T. marmoratus LATR. *Triton marbré.*

Un peu plus petit que le précédent. En dessus, vert, marbré de noir ; en dessous, noir, pointillé de blanc. A l'époque de la reproduction, le mâle porte sur le dos une crête brune moins élevée que celle du Triton à crête et à peine dentelée.

Cette espèce ne paraît pas très répandue dans le département. Je la connais aux bords du Cher près Montluçon et elle est aussi signalée à Busset et à Buxières (abbé Dumas).

Le **Triton de Blasius**, *Triton Blasii* de l'ISLE est un hybride du Triton crêté et du marbré. Il est de plus forte taille et présente de nombreuses variétés qui le rapprochent tantôt d'un type, tantôt de l'autre. Cet Urodèle est très commun dans l'Indre, aux environs du Blanc et d'Argenton (1) ; il a les mêmes mœurs que ses parents, et se trouve dans les mares, aux mêmes époques qu'eux. Il est très probable qu'il existe dans le département de l'Allier, mais je ne l'y ai pas encore rencontré.

13. — T. alpestris LAUR. *Triton alpestre.*

Cendré plus ou moins foncé en dessus ; flancs et pattes parsemés de taches noires, arrondies : ventre unicolore d'un orangé vif ; le mâle ne porte qu'une crête basse et rectiligne ; la femelle est plus grande, ordinairement marbrée de taches noires sur les parties supérieures. Ce joli Triton est très rare dans l'Allier, où on

---

(1) *Vertébrés sauvages du département de l'Indre*, par R. MARTIN et R. ROLLINAT, p. 386.

ne le trouve que dans la région montagneuse et en petit nombre. Je l'ai capturé au Montoncel et dans la forêt des Colettes.

14. — T. palmatus Schn. *Triton palmé.*

Brun fauve en dessus, blanc ou jaunâtre en dessous. Au temps du frai, le mâle porte une crête basse et rectiligne et un pli saillant aussi élevé que cette crête sépare le dos des flancs ; les pieds postérieurs sont noirs et palmés ; la queue est tronquée carrément et terminée par un petit filet. La femelle a toujours la queue acuminée et n'a jamais les pieds palmés.

Ce Triton est très commun dans l'Allier. Il passe la plus grande partie de l'année dans les mares, les fossés, et il ne quitte guère l'eau que de la fin de juin au milieu d'octobre. Pendant cette période de sa vie terrestre, il perd ses belles couleurs et devient, sur tout le corps, d'un jaune brunâtre uniforme ; les crêtes du dos sont à peine visibles, le filet qui termine la queue disparaît presque, ainsi que la palmure des doigts. Il vit alors caché sous les pierres, les racines, dans les troncs des arbres vermoulus.

15. — T. punctatus Latr. *T. lobatus* Otth. *Triton ponctué.*

Brun cendré ou jaunâtre en dessus, jaune foncé en dessous, marqué sur tout le corps de taches noires, disposées en lignes longitudinales régulières ; le mâle a, sur le dos, une crête élevée et dentelée, mais il n'a jamais, comme l'espèce précédente, de plis saillants le long des flancs et sa queue est toujours acuminée. Cette espèce est rare dans l'Allier.

BATRACIENS FOSSILES

Quelques représentants de cette classe existaient déjà à l'époque Carbonifère, mais aucun reste n'en a été trouvé jusqu'à présent, dans le département de l'Allier.

Classe V — POISSONS

Sang froid ; peau généralement couverte d'écailles ; ovipares ; respiration branchiale ; aquatiques.

TABLEAU DES ORDRES

Squelette osseux 2
Squelette entièrement cartilagineux.

III. CHONDROPTÉRYGIENS.

2. Des rayons épineux aux nageoires dorsales et anale·

I. ACANTHOPTÉRYGIENS

Rayons des nageoires dorsale et anale flexibles et cartilagineux, sauf le premier qui est parfois osseux.

II. MALACOPTÉRYGIENS.

Ordre I. — ACANTHOPTÉRYGIENS

Les Acanthoptérygiens sont caractérisés par la présence de rayons épineux aux nageoires dorsales et anale. C'est l'ordre qui compte le plus grand nombre de représentants ; mais la plupart des espèces habitent les eaux salées. La structure de leurs écailles est très variée ; elles sont pectinées à leur bord, comme chez la Perche, la Gremille ; les Epinoches ont une partie plus ou moins grande de leur corps garnie de plaques osseuses qui forment comme une cuirasse ; enfin le Cotte Chabot a la peau absolument nue, sans aucun vestige d'écailles.

TABLEAU DES GENRES

1. Peau nue, sans écailles, molle. . . . . **Cottus.**
   Peau couverte d'écailles 2
2. Des aiguillons mobiles sur les flancs et le sommet
   du dos. . . . . **Gasterosteus.**
   Point d'aiguillons 3
3. Vert, largement annelé de noir. . . . . **Perca.**
   Brun jaunâtre, avec de petites taches brunes.

Acerina.

PERCA L.

1. — Perca fluviatilis L. *Perche*.

Corps verdâtre, annelé de larges bandes noires ; nageoires inférieures rouges, deux dorsales.

Commune dans toutes les rivières et les étangs, surtout dans ceux de l'arrondissement de Montluçon. Très carnassière, elle est nuisible à l'élevage des Carpes.

ACERINA Cuv.

2. — Acerina cernua Sieb. *Gremille, Perche goujonnière*.

Forme de la Perche ; mais le corps est d'un brun iaunâtre, à taches ondulées plus foncées ; les joues sont creusées de fossettes nombreuses ; les deux dorsales sont réunies et ne forment qu'une seule nageoire ; sa taille est toujours petite.

Ce poisson est commun dans toutes les rivières et les canaux du département. Les pêcheurs croient que c'est un hybride du Goujon et de la Perche, à cause de sa forme qui est celle de cette dernière et de ses couleurs qui rappellent celles du Goujon.

COTTUS

3. — Cottus gobio L. *Cotte Chabot, Têtard*.

De petite taille (0 m. 07 à 0 m. 10); tête très grosse ; peau nue, molle, très visqueuse ; gris rehaussé de bandes et de taches irrégulières très obscures ; deux nageoires dorsales jointes ensemble.

Ce petit poisson recherche les eaux peu profondes, claires et fraîches, et se tient ordinairement caché sous les pierres. Il est commun dans tous les ruisseaux et rivières de la région montagneuse : la Besbre, le Sichon, la Sioule, l'Andelot, le Cher, et bien plus rare dans la plaine. M. l'abbé Bourdot l'a capturé près de Thiel.

GASTEROSTEUS L.

Trois aiguillons sur le dos. . . . . *leiurus.*
Neuf aiguillons sur le dos. . . . . *lævis.*

4. — **Gasterosteus leiurus** Cuv. *Gasterosteus gymnurus* Cuv. *Epinoche.*

Taille infime (0^m,03-0^m,04); plaques osseuses au nombre de cinq ou six, couvrant seulement la région thoracique ; corps brun verdâtre en dessus, blanc argenté en dessous ; gorge et poitrine d'un rouge vif à l'époque du frai ; trois aiguillons sur le dos et un de chaque côté, au milieu du corps.

Très commune dans tous les ruisseaux, même les plus petits, où elle vit en compagnie.

Espèce très variable qui présente un grand nombre de formes se reliant toutes les unes aux autres et impossibles à bien caractériser. La var. *brachycentrus* Cuv. et Val. existe dans le petit ruisseau du Seillon, près de Vichy (Dr Fatio).

5. — **G. lævis** Cuv. *G. pungitius* L. *Epinochette, Petite vieille.*

Encore plus petite que l'Epinoche, dont elle diffère essentiellement par les neuf épines dont son dos est armé. Elle est beaucoup moins répandue et je ne la connais que du Cher, aux environs de Montluçon, d'où Pérard me l'a envoyée autrefois.

Les Epinoches sont remarquables par l'industrie du mâle qui, avec des brins d'herbes aquatiques, construit sous l'eau un nid à la façon de ceux des oiseaux ; il se met ensuite à la recherche des femelles pleines et les amène faire leur ponte dans ce nid qu'il leur a préparé.

Les Epinoches varient assez quant à la forme et à l'extension des plaques dorsales et latérales et à l'apparence plus ou moins

denticulée des épines. Blanchard (1), en se basant sur ces caractères, a établi un certain nombre d'espèces nouvelles que Sauvage (2)
a conservées, mais ils ne présentent rien de fixe et je crois, comme
le Dr Fatio, que c'est *à une différence d'âge et surtout de sexe qu'il
faut attribuer, la plupart du temps, les variantes considérées comme
caractéristiques par l'auteur du volume sur les Poissons de
France* (3).

Ordre II. — MALACOPTÉRYGIENS

L'ordre des Malacoptérygiens comprend la majeure
partie des poissons qui vivent dans les eaux douces.
Chez eux, les rayons de toutes les nageoires sont flexibles
et cartilagineux ; cependant, chez quelques espèces, la
Carpe entr'autres, les premiers de la dorsale, et de
l'anale sont osseux. La position des nageoires ventrales
a servi de base à l'établissement de plusieurs divisions
de cet ordre. Tantôt elles sont placées immédiatement
au-dessous des pectorales, comme chez la Lote, tantôt,
et c'est le cas le plus fréquent, elles sont implantées
beaucoup en arrière, presque exactement au-dessous de
la dorsale ; enfin elles manquent complètement à l'Anguille. Quelques-uns de ces poissons, comme le Saumon
et l'Alose, vivent alternativement dans l'eau douce et
l'eau salée. Ils quittent la mer à des époques périodiques,
voyageant en bandes souvent très nombreuses et remontent presque jusqu'à la source de nos fleuves et de nos
rivières, à la recherche des eaux vives et fraîches qui
leur sont nécessaires pour opérer leur ponte. Les individus qui retournent à la mer sont dans un état complet
de maigreur et d'épuisement, et beaucoup périssent
avant d'avoir pu atteindre l'embouchure du fleuve qu'ils
redescendent.

---

(1) E. BLANCHARD. — *Poisson des eaux douces de France.*
(2) SAUVAGE. — *Révision des espèces du groupe des Epinoches.*
(3) Dr FATIO. — *Faune des Vertébrés de la Suisse,* vol. IV.

TABLEAU DES GENRES

1. Corps convexe, symétrique 2
   Corps aplati, n'étant pas symétrique : les deux yeux
   placés du même côté de la tête. . **Pleuronectes.**
2. Des nageoires ventrales 3
   Pas de nageoires ventrales. . . . . **Anguilla.**
3. Nageoires ventrales placées sous l'abdomen, en
   arrière des pectorales 4
   Nageoires ventrales placées sous les pectorales **Lota.**
4. Une seule nageoire dorsale 5
   Deux nageoires dorsales, dont la seconde petite,
   adipeuse 18
5. Mâchoires sans dents ; corps plus ou moins ovalaire 6
   Mâchoires garnies de dents , corps allongé. **Esox.**
6. Nageoire caudale plus ou moins profondément échancrée ou fourchue 7
   Nageoire caudale tronquée carrément . . . **Tinca.**
7. Bouche avec des barbillons 8
   Bouche sans barbillons. 10
8. Deux barbillons. . . . . **Gobio.**
   Quatre barbillons. 9
   Six barbillons . . . . **Cobitis.**
9. Bouche terminale s'ouvrant au sommet du museau ;
   corps plus ovalaire. . . . . **Cyprinus.**
   Bouche inférieure s'ouvrant au-dessous du museau ;
   corps plus allongé . . . . **Barbus.**
10. Une carène dentelée en scie entre les nageoires
    ventrales et la caudale. . . . . **Alosa.**
    Pas de carène entre ces nageoires. 11
11. Bouche s'ouvrant en dessous d'un museau proémi-
    nent, très saillant . . . . **Chondrostoma.**
    Bouche s'ouvrant normalement. 12
12. Corps oblong, allongé . . . . **Squalius.**
    Corps ovalaire. 13
13. Corps comprimé latéralement 14
    Corps n'étant pas sensiblement comprimé . . . 15

14. Mâchoire inférieure plus courte que la supérieure.

Abramis.

Les deux mâchoires d'égale longueur .   **Leuciscus.**

15. Ecailles dures et résistantes   16
Ecailles minces et molles, comme pelliculaires.   17

16. Nageoires dorsale et anale sans grand rayon osseux,
taille très petite . . . .   **Rhodeus.**

Nageoires dorsale et anale ayant un grand rayon
osseux dentelé. . . . .   **Carassius.**

17. Tête forte ; écailles faisant souvent défaut par places.

Phoxinus.

Tête petite ; corps bien garni d'écailles.   **Alburnus.**

18. Nageoire dorsale très grande . . . . .   **Thymallus.**
Nageoire dorsale moyenne.   19

19. Opercule formant en arrière une courbe très accentuée.

Salmo.

Opercule coupé à peu près droit en arrière.

Trutta.

PLEURONECTES L.

6. — **Pleuronectes flesus** L. *Pleuronecte flet, Plie.*

Ce poisson, qui ressemble beaucoup à la Sole, remonte
les fleuves et les rivières jusqu'à une assez grande distance de la mer. On le pêche dans la Loire, dans l'Allier
jusqu'au delà de Vichy, mais il ne pénètre pas dans le
Cher. C'est à partir du mois d'août jusqu'au printemps
qu'il effectue ses migrations. Il fréquente les fonds
sablonneux. Il est quelquefois abondant certaines
années, puis on n'en revoit plus qu'à de longs intervalles.

LOTA Cuv.

7. — **Lota vulgaris.** Cuv. *Lote commune.*

Tête large, aplatie ; corps allongé, anguilliforme,
marbré de jaune et de noir ; écailles visqueuses, très
petites ; un seul barbillon au menton.

La Lote se trouve dans toutes nos rivières, mais elle
est assez rare partout.

COBITIS L.

Une petite épine mobile et fourchue au-dessous de chaque œil.

tænia.

Pas d'épine au-dessous des yeux. . . . . *barbatula.*

8. — Cobitis barbatula L. *Loche franche.*

Brun olivâtre en dessus ; flancs jaunâtres piquetés de taches brunes irrégulières ; six barbillons, deux à la lèvre supérieure, quatre à l'inférieure. Très commune dans les rivières et tous les ruisseaux d'eau claire, même les plus petits.

9. — C. tœnia L. *Loche de rivière.*

Ressemble à la précédente, plus petite et à corps très comprimé ; en diffère aussi par l'épine bifurquée du dessous de l'œil.

Je n'ai jamais rencontré ce petit poisson que M. Villatte des Prugnes dit être très commun dans tous les cours d'eau de la région qu'il a explorée (1). M. l'abbé Dumas l'a observé aussi dans le Cher, l'Aumance et ses affluents. Son habitat dans notre département paraît restreint au bassin du Cher.

GOBIO Cuv.

10. — Gobio fluviatilis L. *Goujon.*

Dessus brun jaunâtre avec des séries de taches noires ; flancs et ventre d'un blanc jaunâtre. Ce poisson vit en troupes nombreuses et se plaît sur les fonds de sable à une petite profondeur. Il est très commun dans toutes les rivières.

Les *Goujons de l'Allier* figurent fréquemment pendant la saison sur toutes les tables des hôtels de Vichy.

BARBUS Cuv.

11. — Barbus fluviatilis Val. *Barbeau, Barbillon.*

Mâchoire supérieure très avancée et portant deux

---

(1) *Faune de l'arrondissement de Montluçon : Les Poissons,* par R. Villatte des Prugnes, p. 29.

arbillons, deux autres plus longs à la lèvre inférieure ; d'un gris olivâtre s'affaiblissant graduellement sur les flancs jusqu'au ventre qui est entièrement d'un blanc nacré.

Très commun dans toutes les rivières. Ses œufs sont vénéneux, purgent fortement et provoquent de violents vomissements.

TINCA Cuv.

12. — Tinca vulgaris Cuv. *Tanche.*

D'un brun verdâtre variable, mais toujours à éclat métallique ; écailles très petites. Très commune dans les rivières et les étangs. On en pêche dans l'étang de Meillers, qui atteignent le poids de 5 livres.

CYPRINUS L.

13. — Cyprinus carpio L. *Carpe.*

La Carpe, bien connue de tout le monde, est commune dans tous nos cours d'eau. C'est elle aussi qui constitue le fonds de la pêche de tous les étangs : celles que l'on y élève prennent successivement différentes dénominations : on les appelle *de la feuille*, dès leur éclosion jusqu'à l'âge d'un an ; de un an à deux ans, ce sont *des nourrins* ; de deux ans à trois ans *de la carpasse* et enfin ce n'est qu'à trois ans qu'elles acquièrent définitivement le nom de *carpes*.

Ce poisson peut peser jusqu'à 15 kilogrammes. Il offre plusieurs variations que l'on rencontre surtout dans les étangs et dont les principales sont : la *Carpe rouge* (*C. aurantiacus*) à écailles d'un rouge jaunâtre ; la *Reine des Carpes* ou *Carpe à miroir* (*C. rex Cyprinorum*) dont les écailles sont beaucoup plus grandes, moins nombreuses et laissant, le plus souvent, la peau à découvert en diverses places ; la *Carpe à cuir* (*Cyprinus nudus* Bloch.) dont les écailles se sont atrophiées et ont laissé la peau plus ou moins complètement à nu ; la *Carpe saumonée* dont la chair a la couleur rose de celle du Saumon ; la *Carpe bossue (Cyprinus elatus* Bp.) qui est plus courte et a le dos plus fortement arqué.

Cette espèce présente, en outre, divers cas de monstruosité dont le plus fréquent consiste en un fort écrasement du museau, donnant aux individus ainsi déformés un aspect bizarre qui les a fait nommer *carpes dauphins.* Cette anomalie se rencontre aussi chez d'autres poissons, notamment le *Squalius cephalus* et le *Barbus fluviatilis.*

Parfois les barbillons manquent tous, ou seulement un ou deux.

CARASSIUS Cuv.

14. — **C. auratus** Cuv. *Cyprinopsis auratus* L. *Cyprin doré, Poisson rouge.*

Ce poisson est originaire des lacs de la province de Thekiang, en Chine. Il est parfaitement acclimaté en France : il vit très longtemps dans des aquariums, même dans de simples bocaux et multiplie beaucoup dans les bassins, les réservoirs, les étangs, d'où il s'échappe parfois à la suite de crues, ce qui explique les quelques captures accidentelles que l'on en a faites dans nos rivières. Il présente une grande variation de couleurs qui changent sur le même individu, d'après son âge ou diverses autres circonstances. On en voit qui sont tantôt d'un beau rouge vif. ou d'un blanc d'argent, ou d'un gris blanchâtre, tantôt maculés de rouge et de noir. de noir et de blanc, etc. Les premiers de ces poissons qui ont paru en France. étaient envoyés à Madame de Pompadour, par les directeurs de la Compagnie dés Indes. Ils arrivaient d'Angleterre, où ils avaient été importés dès 1611. Leur nom chinois est *Kin-ga.*

La *Bouvière, Rhodeus amarus* Bl., sauf les barbillons qui lui manquent, ressemble à une toute petite Carpe (5 à 6 centimètres). A l'époque du frai, l'oviducte de la femelle s'allonge considérablement et sort du corps sous la forme d'un tuyau rougeâtre ressemblant à un ver de terre et atteignant une longueur de 2 centimètres. Ce long tube lui sert à déposer ses œufs dans l'intérieur des Moules d'eau douce (*Unio* et *Anodonte*) où ils éclosent et d'où les petits ne sortent que dix ou douze jours après leur naissance. Ce petit poisson doit se trouver dans nos canaux et sur les fonds vaseux de nos rivières, mais, jusqu'à présent, il a échappé à mes recherches. Il existe dans le Cher, en dehors du département de l'Allier : M. R. Paratre l'indique dans cette rivière, à Saint-Amand-Mont-rond et à Vierzon, et il est très probable qu'il est répandu dans toute la longueur du canal du Berry, jusqu'à Montluçon.

ABRAMIS Cuv.

15. — Abramis brama L. *Brême, Bramme.*

Corps très large, très comprimé latéralement ; d'un gris bleuâtre en dessus, d'un blanc d'argent très fine-ment pointillé de noir en dessous ; nageoires grises, l'anale très longue.

Très commune dans toutes nos rivières.

16. — A. blicca Cuv. *Brême bordelière.*

Souvent confondue avec la précédente, s'en distingue par l'œil plus grand, relativement à la tête, ses dents pharyngiennes disposées sur deux rangs, les nageoires pectorales et ventrales teintées de rouge, l'anale plus courte ; elle n'atteint jamais non plus le poids auquel peut parvenir la Brême commune (4 à 5 livres). Elle est assez commune et vit ordinairement mêlée avec celle-ci.

ALBURNUS Rond.

Mâchoire inférieure très saillante ; nageoire caudale peu échancrée en demi-cercle ; pas de macules noirâtres le long de la ligne latérale.
lucidus.

Mâchoire inférieure peu saillante ; nageoire caudale longue, pro-fondément échancrée en angle aigu ; de petites macules noirâtres de chaque côté de la ligne latérale. . . . . *bipunctatus*

17. — Alburnus lucidus Sieb. *Leuciscus alburnus* Cuv. *Ablette commune, Able.*

Corps allongé, comprimé latéralement ; dos d'un vert métallique qui s'affaiblit graduellement et se change sur

12

les côtés en un magnifique blanc d'argent qui est la couleur dominante ; nageoires grisâtres.

Très commune dans toutes les rivières ; vit et multiplie très bien dans les étangs.

18. — **A. bipunctatus** Sieb. *Leuciscus bipunctatus* Cuv. *Ablette spirlin.*

Moins effilée et plus ovalaire que la précédente ; deux rangées de points noirs sur les écailles de la ligne latérale ; nageoires inférieures d'un jaune rougeâtre. Très commune dans toutes les rivières.

Les écailles des Ablettes se détachent facilement ; elles sont très minces et leur texture est d'une grande délicatesse ; elles sont entourées à la base d'une matière nacrée dont on retire le produit appelé *essence d'Orient*, qui est employé à la fabrication des perles fausses. Cette industrie, qui n'est pas sans importance, est particulièrement exercée à Paris.

LEUCISCUS Rond.

19. — **Leuciscus erythrophthalmus** Cuv. *Scardinius erythrophthalmus* L. *Rotengle commune, Gardon rouge.*

Nageoires inférieures d'un splendide rouge vermillon ; dorsale s'élevant beaucoup en arrière de l'insertion des ventrales ; corps très aplati ; œil très grand, d'une belle couleur rouge ; lèvre inférieure dépassant la supérieure ; bord libre des écailles arrondi ou très légèrement festonné.

Très commun dans toutes les rivières.

20. — **L. rutilus** Cuv. *Gardon commun.*

Ressemble au précédent ; en diffère par son corps un peu moins aplati, par la position de la nageoire dorsale qui s'élève exactement au-dessus de l'insertion des ventrales et par ses écailles petites, à bord libre festonné ; offre une grande variété dans sa coloration et ses proportions générales, ce qui a donné lieu à la création de nombreuses fausses espèces qui augmentent inutilement la synonymie.

Très commun dans toutes les rivières et multiplie très bien dans les étangs où on le met pour la nourriture des brochets.

SQUALIUS Bon.

21. — Squalius souffia Riss. *S. Agassizii* Val. *Blageon commun.*

Corps effilé, dessus d'un gris cendré obscur qui s'étend sur les côtes en s'affaiblissant ; nageoires grises, légèrement lavées de jaune à leur base ; une large bande longitudinale noire qui apparaît seulement à l'époque du frai, s'étend au-dessus de la ligne latérale.

Ce poisson est très rare dans les rivières de notre département, et, si je le mentionne, c'est que Blanchard dit en avoir reçu de feu Lecoq de Clermont un très grand individu pêché dans l'Allier.

22. — S. cephalus L. *Leuciscus dobula* Cuv. *Cyprinus idus* Bl. *Chevaine, Meunier, Garbot.*

Corps oblong, fusiforme, couvert de larges écailles très exactement appliquées les unes sur les autres, bronzé, à reflets métalliques bleuâtres en dessus; museau large ; nageoires inférieures rougeâtres.

Très commun dans toutes les rivières ; c'est le *poisson blanc* qui atteint les plus grandes dimensions ; il est généralement très abondant dans toute l'Europe.

23. — S. leuciscus L. *Leuciscus vulgaris* Cuv. *Cyprinus dobula* L. *Vandoise, Vandesse.*

Corps oblong, peu comprimé, allongé et aminci aux deux extrémités ; dos d'un gris verdâtre ou bleuâtre ; côtés et dessous d'un blanc d'argent souvent nuancé de jaune.

Très commun dans toutes les rivières.

PHOXINUS Ag.

24. — Phoxinus lævis Sél. *Véron.*

Corps arrondi sur les côtés, couvert de très petites écailles. Ce poisson se pare, à l'époque du frai, des plus brillantes couleurs. Ordinairement en entier d'un gris bronzé, il se colore alors sur le dos d'un bleu métallique ; une bande longitudinale du même bleu se dessine sur les flancs ; la gorge, la base des nageoires et une partie du ventre resplendissent d'un rouge écarlate.

Il vit en bandes nombreuses et se trouve très communément dans toutes nos rivières et nos plus petits ruisseaux, en compagnie des Epinoches, des Chabots et des Loches franches. Les Truites en sont très friandes et lui font une chasse active.

CHONDROSTOMA Ag.

Bouche large à lèvre inférieure tronquée presque carrément.

nasus.

Bouche bien plus étroite, à lèvre inférieure arrondie en croissant.

rhodanensis.

25. — **Chondrostoma rhodanensis** Bl. *Chondrostome, Ombre chevalier, Féra.*

Après examen des types de Blanchard conservés au Muséum de Paris, j'ai été amené à attribuer à cette espèce les Chondrostomes qui pullulent dans la Loire, l'Allier et tous leurs affluents, sauf le Cher, rivière dans laquelle ils ne remontent pas jusqu'à notre département.

Le *Chondrostoma rhodanensis* est un petit poisson d'une longueur de 20 à 25 centimètres, à coloration générale jaunâtre, effilé, atténué aux deux extrémités, à tête relativement petite, à bouche moyenne, avec la lèvre inférieure arrondie en forme de croissant ou de fer à cheval. A l'époque du frai, il circule réuni en bandes composées d'un nombre considérable d'individus. Au marché de Moulins on le vend sous le nom d'*Ombre chevalier* et les pêcheurs de la Loire l'appellent *Féra ;* mais il n'a aucun rapport avec ces poissons qui appartiennent à la famille des Salmonides, et qui ne vivent que dans les grands lacs de l'Europe. Il est très nuisible ; car il dévore le frai des autres poissons et il n'offre aucune compensation : sa chair molle, garnie d'arêtes, constitue un mets fort médiocre.

Il n'y a qu'une vingtaine d'années que ce Chondrostome a fait son apparition dans nos rivières où il était autrefois inconnu. Je ne serais pas étonné que sa propagation soit due à l'administration des Ponts et chaussées qui, pendant plusieurs années, se procurait pour les lâcher dans l'Allier de soi-disant alevins de Truites, de Féras et d'Ombles chevaliers. C'est le Chondrostome qui a dû être répandu sous ces dénominations, dont la dernière a été altérée (1), et ce qui le laisse croire, c'est que nous voyons chaque année un arrêté préfectoral qui autorise exceptionnellement à certaines époques la pêche de l'*Ombre chevalier*, du *Lavaret* et de la *Féra*, poissons qui n'ont jamais existé dans notre département pas plus que dans le reste de la France (2).

Le *Chondrostoma nasus* VAL. parvient à une taille beaucoup plus considérable, 40 à 50 centimètres, et peut peser jusqu'à 2 et 3 livres. Sa bouche est beaucoup plus large, à lèvre inférieure presque carrée, avec le museau beaucoup plus saillant. Il est abondant dans le Doubs et les rivières de l'Est, mais je ne l'ai pas vu provenant de notre département. Il n'y a cependant rien d'impossible à ce qu'il se trouve dans nos rivières. Aussi je crois utile de donner la description détaillée d'un individu de cette espèce pêché dans le Doubs le 10 mars dernier :

Long. 0^m,40, allongé, aminci aux deux extrémités ; tête relativement petite. Dos d'un gris brun à reflets métalliques ; côtés d'un blanc jaunâtre présentant, vus sous un certain jour, des reflets

---

(1) On doit écrire *Omble chevalier* et non *Ombre chevalier*. L'*Ombre* est un poisson différent, le *Thymallus vexillifer*.

(2) Seul, le Lavaret (*Coregonus lavaretus* Cuv.) fait partie de la Faune française : il est, en effet, localisé en Savoie, dans le lac du Bourget. Il a été introduit dans les lacs des Vosges, du Mont-Dore, dans le réservoir des Settons, en Morvan, mais, le plus souvent, sans réussite. L'Omble chevalier (*Salmo umbla* L.) habite les grands lacs de l'Europe. La Féra (*Coregonus fera* Jur.) vit dans le lac de Genève et quelques autres de Suisse.

Ces poissons n'avaient aucune chance de vivre dans les eaux chaudes et plus ou moins troubles de l'Allier, durant son parcours dans le département. Aussi les alevins lâchés à Moulins se sont tous perdus et on n'a jamais revu que des Chondrostomes.

légèrement azurés, avec huit bandes parallèles linéaires jaunâtres passant par le milieu de chaque rangée d'écailles ; ligne médiane bien marquée de la tête à la naissance de la nageoire caudale ; ventre d'un blanc d'argent ; nageoires pectorales, ventrales et anale d'un rouge vermillon ; la dorsale et la caudale rembrunies ; cette dernière largement échancrée.

En dessous de la ligne médiane, jusqu'à la naissance des nageoires ventrales, on compte cinq rangées d'écailles. Les écailles sont larges, arrondies en demi-cercle, très légèrement festonnées, chargées de nervures noires disposées en branches d'éventail, les intervalles garnis d'un fin réseau de lignes saillantes transversales très serrées ; la grandeur de ces écailles est la même, mais leur couleur s'éclaircit graduellement depuis la teinte sombre du dos et devient d'un blanc d'argent sur le ventre. Il en est de même des bandes longitudinales qui sont peu visibles au-dessous de la ligne médiane. En somme, entre les nageoires ventrales et la dorsale, il y a 14 rangées d'écailles, 8 au-dessus de la ligne médiane, celle de la ligne médiane et 5 au-dessous. Les écailles situées tout à fait sous le ventre entre les nageoires pectorales et ventrales sont plus petites que les autres.

Les nageoires ventrales sont insérées un peu en arrière de la dorsale, à peu près à la hauteur de son troisième rayon.

Nageoire dorsale de dix rayons, le dixième bifurqué presque dès sa base.

Tête petite, amincie en avant ; œil grand à pupille noire à iris jaune. Museau gros, bouche située tout à fait au-dessous et en arrière, petite (0^m,015 millimètres), à lèvre inférieure cartilagineuse, épaisse, tronquée presque carrément.

THYMALLUS Cuv.

26. — **Thymallus vexillifer** Ag. *Ombre commun.*

Région supérieure d'un bleu d'acier brillant, rehaussé par des points noirs à la base des écailles, ainsi que sur les joues et les opercules : d'un blanc d'argent poli en dessous ; nageoire dorsale très longue et très haute, une petite nageoire adipeuse sur le dos, entre la dorsale et la caudale.

Ce poisson qui se pêchait autrefois fréquemment dans la Sioule et la Besbre, est devenu très rare dans ces rivières, et ce n'est qu'à de longs intervalles qu'on en signale une capture. Il est assez répandu en Auvergne, d'où le nom d'*Ombre d'Auvergne* sous lequel il a été souvent désigné.

SALMO L.

Tête massive, courte ; museau rétréci seulement à partir des narines en forme de cône obtusément arrondi ; œil bien plus près de l'extrémité du museau que du bord postérieur de l'opercule.
salar.

Tête mince, allongée ; museau se rétrécissant à partir des yeux ; œil placé à égale distance de l'extrémité du museau et du bord postérieur de l'opercule. . . . . *hamatus.*

27. — **Salmo salar** L. *Saumon ordinaire.*

Gris ardoisé en dessus, marqué de gros points noirs ; côtés de la tête et du corps d'un blanc argenté brillant parsemé irrégulièrement de taches noires et rougeâtres ; parvient au poids de 25 à 30 livres (1) ; au moment du frai, les nageoires se recouvrent d'une peau cartilagineuse épaisse qui disparaît après le temps de la ponte ; chez les vieux mâles, la mâchoire inférieure est munie à son extrémité d'une sorte de crochet plus ou moins développé et redressé verticalement qui vient se loger dans une dépression de la mâchoire supérieure.

Ce beau poisson remonte périodiquement la Loire et l'Allier et s'engage même quelquefois dans leurs affluents, la Sioule et la Besbre ; mais il ne paraît plus dans le Cher depuis l'établissement du barrage de Bigny (Villatte des Prugnes). Les femelles pondent dès qu'elles sont parvenues assez haut pour trouver l'eau froide et claire et le courant rapide indispensables à l'éclosion de leurs œufs.

Les petits Saumoneaux, à partir de leur naissance, vivent isolément et sont appelés *Parrs* ; au bout de quelques mois, dès qu'ils sont assez forts, ils se réunis-

---

(1) C'est le poids maximum des Saumons de l'Allier et de la Loire ; mais ce poisson peut atteindre jusqu'à 1 m. 60 de longueur totale avec un poids de 50 à 60 livres (Dr FATIO).

sent en bandes et se mettent en route pour descendre les rivières jusqu'à la mer. Ce sont alors des *Smolts*, désignés vulgairement sous le nom de *Tacons*. On en prend certaines années des quantités considérables au barrage de l'Allier, près de Vichy. Ils mesurent 10 à 12 centimètres de long ; bruns sur le dos, d'un blanc argenté sur le ventre, ils sont ornés le long de la ligne latérale de 9 ou 10 taches oblongues d'un brun bleuâtre ; ils ressemblent à de petites Truites dont on les distingue à leur corps bien plus effilé, à leur nageoire caudale plus longue et beaucoup plus profondément fourchue, à leur tête moins massive, plus allongée, à leur opercule différent. Le *Grilse* est l'état intermédiaire entre le *Smolt* et le Saumon adulte.

L'histoire des Saumons a encore bien des points obscurs qui demandent à être élucidés.

Il semble que chacun de nos fleuves possède en quelque sorte une variété particulière de ce poisson, différent tant par la qualité de sa chair et les caractères extérieurs que par ses mœurs et l'époque de son apparition. Dans la Loire et l'Allier, les gros Saumons arrivent au printemps, en février, mars et avril. On les prend dans un filet, dit carrelet, tendu dans les eaux profondes et rapides derrière un court barrage adossé à la berge. Cet appareil a reçu le nom de *bouge*. En automne, les gros Saumons ne paraissent plus et sont remplacés par l'espèce suivante.

28. — S. hamatus Val. *Bécard*.

Dessus d'un beau bleu d'acier parsemé de taches noires quadrangulaires ; ventre d'un blanc d'argent ; tout le long de la ligne latérale des taches ovalaires d'un rouge brun, disposées sans ordre, plus ou moins espacées, parfois contiguës, beaucoup plus nombreuses sur l'opercule qui est d'un vert métallique brillant ; museau noir avec reflets métalliques, longuement acuminé, arrondi au sommet, œil placé exactement à égale distance entre le bout du museau et le bord postérieur de l'opercule ; ne pèse pas plus de 4 à 6 livres et ne dépasse pas 65 à 75 centimètres de long. Les mâles sont moins gros que les femelles : leur mâchoire inférieure est terminée par un long appendice cartilagineux, en forme de pyramide triangulaire à angles arrondis, redressé verticalement, d'une longueur de 15 à 17 millimètres. Cette pointe est quelquefois trop longue pour se loger entièrement dans la cavité de la mâchoire supérieure destinée à la recevoir, de sorte que la bouche, surtout chez les vieux individus, reste quelquefois largement béante sur les côtés. Elle n'existe pas chez les femelles qui sont aussi moins brillamment colorées.

Le Bécard remonte l'Allier et la Loire de la fin de septembre aux derniers jours d'octobre. Les mâles sont alors chargés de laitance et les femelles sont pleines d'œufs.

Une grande divergence règne parmi les naturalistes au sujet de ce poisson dans lequel beaucoup ne veulent voir qu'une transformation temporaire du *Salmo salar*. J'ai pu observer plusieurs centaines de Bécards pêchés dans l'Allier, et il me semble difficile d'admettre chez la même espèce et encore moins, chez le même individu, une métamorphose aussi complète : la tête est trop différente et on ne conçoit pas cet allongement et ce rétrécissement alternatifs des os du crâne. L'œil serait également obligé de se déplacer (1). La taille est plus petite, la coloration plus brillante, l'époque de l'apparition différente.

Je crois que la confusion vient de ce que beaucoup d'auteurs n'ont pas connu le véritable *Salmo hamatus* et ont pris pour lui de vieux mâles de *Salmo salar* pourvus de l'appendice relativement petit de la mâchoire infé-

---

(1) Chez un Bécard de 2 k. 750, pêché dans l'Allier, à Châtel-de-Neuvre, le 15 octobre, le centre de l'œil est également distant de 7 cent. 1/2 du bout du museau et du bord postérieur de l'opercule. Chez un Saumon de 8 kilogr., pêché dans l'Allier en mars, dans la même localité, le centre de l'œil est à 7 centimètres du bout du museau et à 11 centimètres du bord postérieur de l'opercule.

rieure. Mais, je le répète, le premier ne dépasse pas la taille de 6 livres, et la forme du crâne et la position de l'œil s'ouvrant exactement entre le bord postérieur de l'opercule et le sommet du museau me semblent des caractères spécifiques suffisants, sans parler de la coloration plus brillante et de la saison tout autre où il arrive dans nos rivières.

L'*Omble Chevalier*, *Salmo umbla* VAL., *Salvelinus umbla* L., est un poisson des grands lacs de l'Europe qui ne se trouve jamais dans les rivières, si ce n'est accidentellement, quand il y a été entraîné par les courants.

La Truite des lacs, *Salmo lacustris* L., vulgairement *Truite du lac de Genève*, *Truite du lac*, n'est qu'une variété de la Truite ordinaire qui vit surtout dans les lacs de la Suisse, où elle parvient au poids considérable de 15 à 20 kilogrammes.

Depuis quelques années, on a introduit en France plusieurs espèces de Salmonides américains, notamment, la *Truite arc-en-ciel*, *Salmo irideus* GIBB. ; la *Truite d'Amérique*, *Salvelinus fontinalis* MITCH. ; le *Saumon de Californie*, *Oncorhynchus quinnat* RICH., dont on veut essayer la multiplication, et qui sont actuellement très en faveur chez les pisciculteurs.

TRUTTA NILLS.

29. — **Trutta fario** SIEB. *Truite commune.*

La coloration de ce poisson varie énormément, d'après les eaux où il vit et l'époque à laquelle on l'observe. En général, les régions supérieures sont d'un vert olivâtre s'affaiblissant graduellement en passant au jaunâtre sur les côtés, et les parties inférieures sont d'un beau jaune d'or. Le dos est parsemé de taches noires plus ou moins arrondies, et des taches ovalaires d'un rouge orangé ornent les flancs de chaque côté de la ligne latérale.

Les Truites recherchent les eaux claires et froides à courant rapide. Elles sont communes dans le Cher et ses affluents au-dessus de Montluçon (Villatte des Prugnes), dans la Sioule, la Besbre et tous les ruisseaux de la montagne. On n'en trouve que rarement et tout à fait accidentellement dans l'Allier et la Loire, pendant leur parcours dans le département.

30. — T. argentea Val. **Salmo trutta** L. *Truite de mer, Truite saumonée.*

Ce poisson vit comme le Saumon, alternativement dans les eaux salées et les eaux douces ; le dos est d'un gris bleuâtre et les parties inférieures d'un blanc éclatant ; il est argenté sur les côtés et marqué de taches noires éparses ; il ressemble plus au Saumon qu'à une Truite. Sa chair cuite a une teinte rosée.

La Truite de mer remonte la Loire et l'Allier, mais en petit nombre : on n'en signale que quelques rares captures accidentelles.

ALOSA Cuv.

31. — Alosa vulgaris Cuv. *Clupea alosa* L. *Alose commune.*

Bien reconnaissable à son corps comprimé latéralement et muni, entre les nageoires ventrales et la caudale, d'une carène dentelée en scie. Ce poisson voyage en bandes nombreuses qui remontent nos rivières au printemps, en mai-juin. Il est très abondant certaines années. Il ne semble pas pénétrer dans le Cher jusqu'à la hauteur de notre département : M. Villatte des Prugnes ne le signale pas, mais il est commun dans le cours inférieur de cette rivière. Durant les mois d'août et de septembre, on trouve aux bords de l'Allier et de la Loire un nombre souvent considérable de cadavres d'Aloses qui ont succombé, soit à cause de la chaleur, soit par suite des fatigues de leur ponte.

32. — A. finta Cuv. *Alose finte.*

Beaucoup plus petite que la précédente, à laquelle elle ressemble beaucoup : la tache noire située en arrière des côtés de la tête est suivie de plusieurs autres taches plus petites. Elle voyage comme l'Alose commune et est aussi répandue, mais elle n'apparaît ordinairement que quelques semaines plus tard.

ESOX L.

33. — Esox lucius L. *Brochet.*

Le Brochet est commun dans toutes les rivières et tous les cours d'eau de notre département. Il existe aussi dans les étangs où il atteint de grandes proportions et un poids considérable. Toujours affamé, il fait une énorme consommation d'autres poissons et a bientôt dépeuplé un étang où il se trouve en trop grand nombre. Il varie beaucoup comme coloration ; quelquefois de couleur sombre uniforme sur le dos, ou miroité de taches blanches ovales ; d'autres fois, d'un jaune testacé avec de grandes taches transversales brunes.

ANGUILLA Thunb.

34. — Anguilla vulgaris Yan. *Murœna anguilla* L. *Anguille commune.*

Très commune dans toutes les rivières et les ruisseaux, sous les pierres, le bois, les racines, les berges, les perrés : aussi dans les canaux et les étangs.

L'Anguille se reproduit dans la mer. Les pêcheurs de la Loire donnent le nom de *Civelle* aux jeunes qui viennent d'éclore, et qui quittent l'eau salée, pour remonter dans nos rivières.

Ordre III. — CHONDROPTÉRYGIENS

Les poissons de cet ordre ont le squelette entièrement cartilagineux. Tantôt, comme chez l'Esturgeon, les branchies sont libres à leur bord externe, la peau est garnie de grandes plaques osseuses, mais l'aspect ne présente rien d'anormal, ou bien comme chez les Lamproies, le corps est nu, cylindrique, rappelant la forme de l'Anguille, les branchies sont adhérentes aux téguments et n'ont pas d'ouverture operculaire, de sorte que pour la sortie de l'eau qui les a baignées, il faut autant d'ouvertures qu'il y a d'intervalles entre elles.

La bouche des Lamproies a une conformation singulière ; elle n'est propre qu'à la succion et se compose d'une sorte de ventouse formée par les mâchoires soudées en anneaux. Ces poissons sont les plus imparfaits des animaux vertébrés ; ils n'ont pas dans le jeune âge tous les caractères de l'adulte et ils conservent les caractères du jeune âge jusqu'au moment où ils ont acquis à peu près toute leur croissance. En un mot, ils subissent des métamorphoses et passent par l'état de *larve* avant d'arriver à l'état *parfait*.

Aussi a-t-on pris longtemps pour des espèce différentes le même animal dans ces deux périodes de son existence.

Je crois devoir adopter l'opinion de Schneider, de Waygel et du Dr Fatio, et je considère les *Petromyzon fluviatilis* et *marinus* comme des formes d'une seule et même espèce à laquelle j'attribue le nom plus ancien de *fluviatilis*.

TABLEAU DES GENRES

Corps couvert de grandes plaques osseuses ; tête prolongée en un museau conique . . . . **Acipenser**.
Corps nu, anguilliforme ; tête tronquée. . **Petromyzon**.

ACIPENSER L.

35. — Acipenser sturio L. *Esturgeon*.

Ce poisson qui habite la mer ne remonte que très accidentellement dans les rivières. J'en possède dans ma collection un individu de 0^m,76 de longueur, qui a été pris dans l'Allier près de Moulins en mars 1880, époque du passage des saumons avec lesquels il voyageait probablement. Un autre exemplaire capturé également dans l'Allier figure au Musée Lecoq à Clermont. Grognot rapporte qu'on en prend rarement dans la Loire à la hauteur du département de Saône-et-Loire (1).

---

(1) GROGNOT. — *Poissons des eaux courantes et des étangs du département de Saône-et-Loire.*

PETROMYZON L.

Corps marbré ; nageoires dorsales toujours largement séparées.

marinus.

Corps brun, sans taches ; nageoires dorsales réunies ou à peine séparées . . . . *fluviatilis.*

36. — **Petromyzon marinus** L. *Lamproie de mer.*

La Lamproie de mer, marbrée de brun ou de noirâtre sur fond jaunâtre ou grisâtre, peut atteindre jusqu'à 1 mètre de long. Elle remonte chaque année au printemps l'Allier et la Loire et leurs affluents : on l'aperçoit au fond de l'eau, fixée par sa bouche à un caillou, dans les endroits où le courant est le plus rapide.

37. — **P. fluviatilis** L. *P. Planeri* Bl. *Ammocœtes branchialis* Yarr. *Lamproie de rivière, Petite Lamproie, Sucet, Chatouille.*

Très commune dans toutes les rivières, sous ses deux formes : *larve* ou *ammocœte*, à yeux nuls ou à peine apparents, à bouche bordée de lèvres ; *adulte*, muni d'yeux à iris argenté et d'une bouche formant une ventouse circulaire.

C'est la seule espèce de Lamproie dont les métamorphoses aient été observées, mais son genre de vie est encore très insuffisamment connu. Comme nous l'avons dit plus haut, nous ne voyons pas de caractères différents pour séparer spécifiquement *P. fluviatilis* de *Planeri.*

P. Planeri est la forme dont la plaque maxillaire inférieure est découpée en sept dents arrondies et dont les nageoires dorsales sont plus ou moins étroitement réunies.

Chez *P. fluviatilis*, la plaque maxillaire inférieure est découpée aussi en sept dents, mais coniques, parfois acuminées, et les nageoires dorsales sont plus ou moins séparées.

Or, si on fait attention que le nom de *Planeri* est attribué aux sujets de petite dimension (16 à 17 cent.) et celui de *fluviatilis* aux plus grands (35 à 40 cent.) et que l'on n'a jamais vu de *Planeri* aussi longs que le *fluviatilis*, et de *fluviatilis* aussi petits que le *Planeri*, on sera amené tout naturellement à conclure que ces légères différences sont dues uniquement à l'âge, et que l'on n'a affaire qu'à une seule espèce.

Ainsi envisagée spécifiquement, cette Lamproie vit dans les eaux douces à l'état de larve ; elle y subit sa transformation complète ; puis elle se rend à la mer, d'où elle revient quelque temps après, sous la forme *fluviatilis*, pour s'occuper des soins de sa ponte.

POISSONS FOSSILES

Ch. Brongniart. — Poisson fossile nouveau du terrain houiller de Commentry, av. fig. (*Rev. sc. du Bourb. et du Centre de la Fr.*, I, 1888, p. 127.)

Ch. Brongniart et **Em. Sauvage.** — Faune ichthyologique du terrain houiller de Commentry. Saint-Etienne, 1888, in-8º, av. XVI pl. in-fº. (*Bull. de la Soc. de l'Ind. minér.* 1888.)

La **Faune des animaux vertébrés** *de* **l'Allier** *a été publiée par classes dans la* **Revue scientifique du Bourbonnais et du Centre de la France :**

Les **Mammifères** *ont paru le 15 février 1895.*

Les **Oiseaux** *ont paru en plusieurs parties, du 15 février 1896 au 15 janvier 1897.*

Les **Reptiles** *ont paru le 15 juillet 1897.*

Les **Batraciens,** *le 15 octobre 1897.*

Les **Poissons,** *le 15 novembre 1897.*

RÉSUMÉ GÉNÉRAL

Les Vertébrés sauvages observés dans le département de l'Allier sont au nombre de 346 espèces qui se répartissent ainsi en les cinq classes qui composent cet embranchement :

Mammifères :	47 espèces.
Oiseaux :	237 espèces.
Reptiles :	10 espèces.
Batraciens :	15 espèces.
Poissons :	37 espèces.
	346 espèces.

EXPLICATION DES PLANCHES

Genette vulgaire, *Viverra genetta* L.

Vison d'Europe, *Mustela lutreola* L.

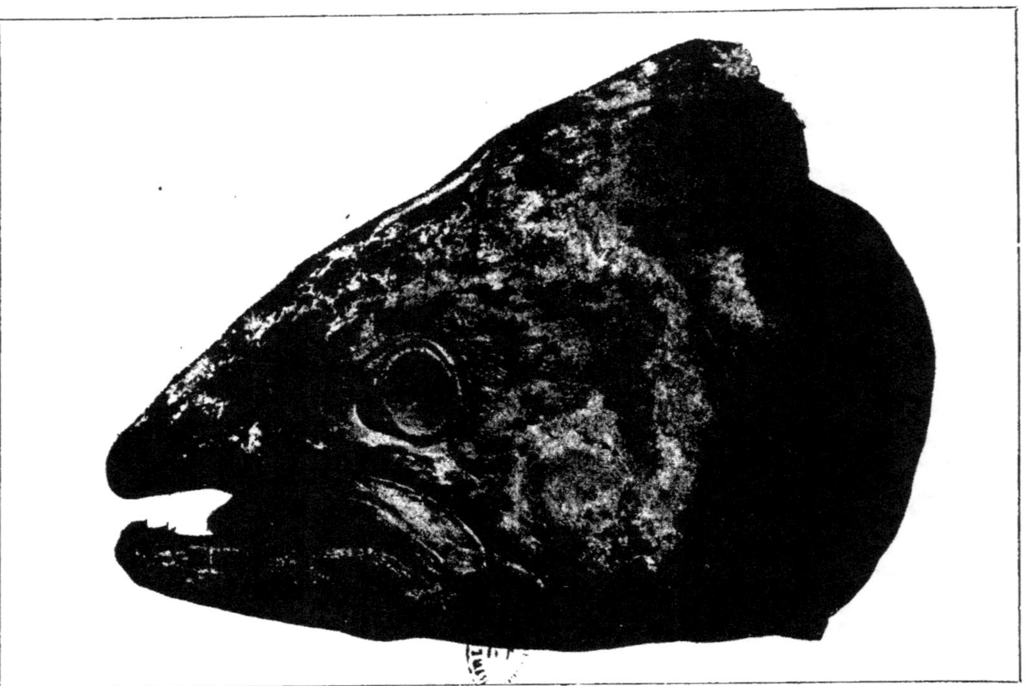

Saumon ordinaire, *Salmo salar* L.

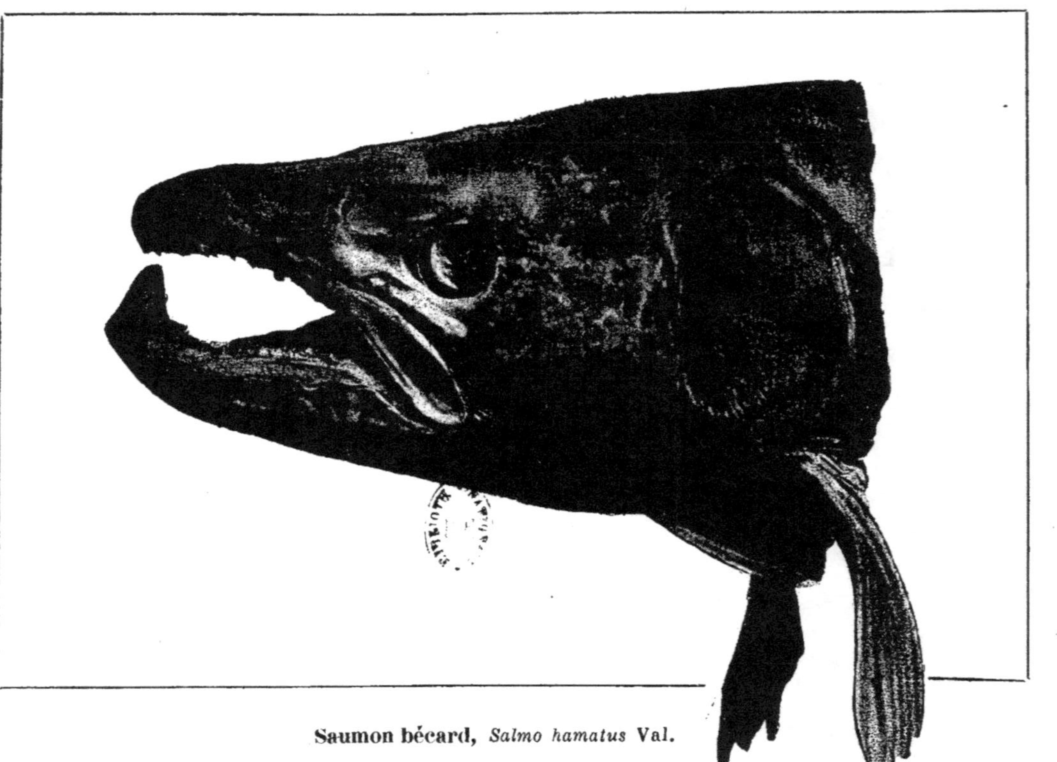

Saumon bécard, *Salmo hamatus* Val.

FAUNE

DE L'ALLIER.

II

DU MÊME AUTEUR :

Faune de l'Allier ou Catalogue raisonné des animaux sauvages observés jusqu'à ce jour dans ce département. — Vol. I. av. suppl.-Vertébrés — in-8. Moulins, 1880.

La Chrysomèle des pommes de terre (Doryphora decemlineata), mœurs, histoire, moyens de destruction. 2me édition, in-12, av. planche gravée. Besançon, 1878.

Voyage botanique en Corse, in-8, 1877.

Les Fruits indigènes de la flore de l'Allier, in-8, 1881.

Faune du Doubs (mammifères, reptiles, batraciens, poissons). In-8, Besançon, 1883.

www.ingramcontent.com/pod-product-compliance
Lightning Source LLC
LaVergne TN
LVHW031029200726
843508LV00001B/283